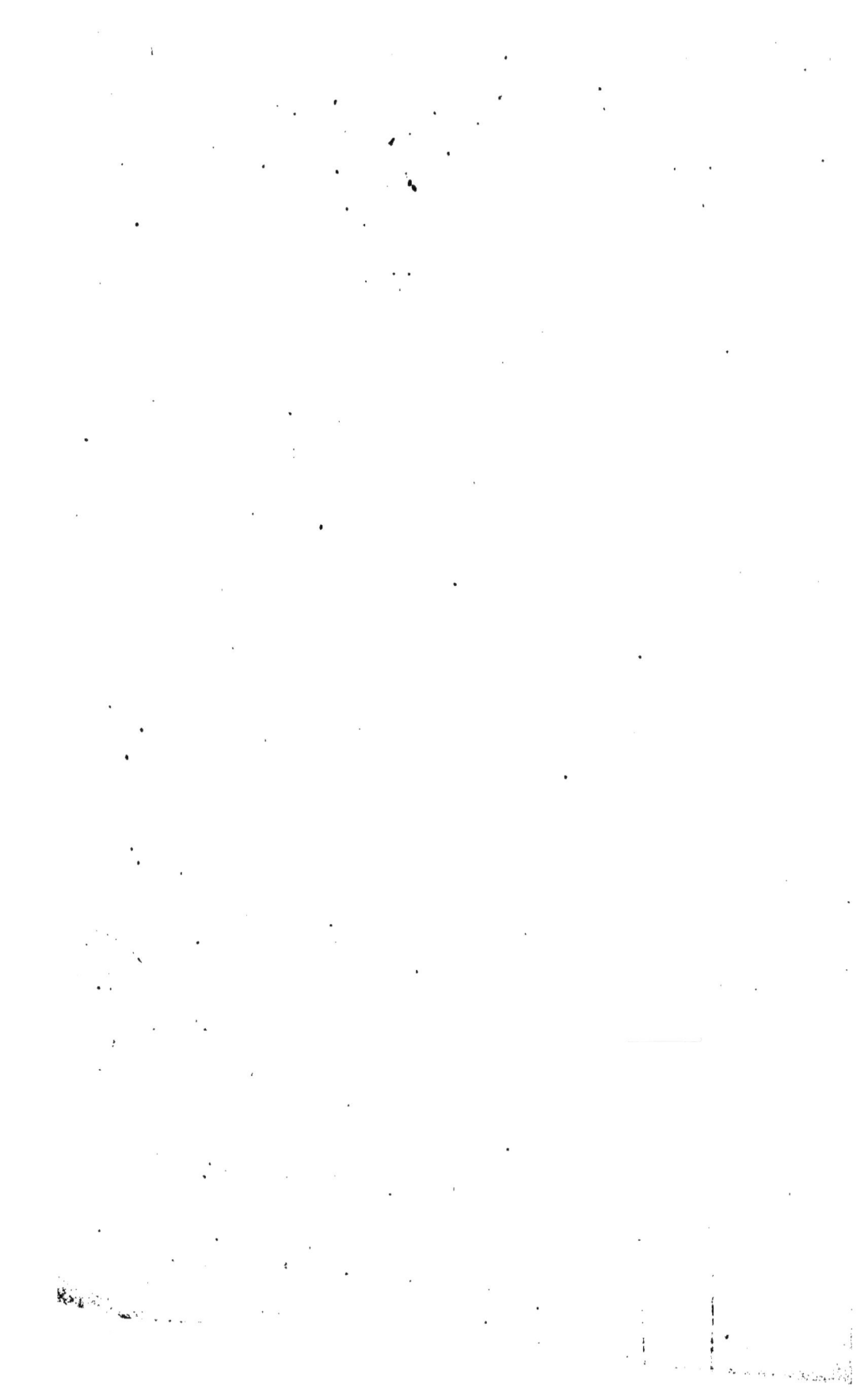

BIBLIOTHÈQUE
MORALE ET LITTÉRAIRE

Publiée avec approbation

de Monseigneur l'Évêque de Limoges.

—

IN-8° — 1re SÉRIE.

L'AQUARIUM

DE

L'ONCLE MICHEL

RÉCITS INSTRUCTIFS DE BOTANIQUE ET DE ZOOLOGIE

PAR

M. A. D'ARZANO.

LIMOGES
F. F. ARDANT FRERES,
Avenue du Midi, 7.

PARIS
F. F. ARDANT FRERES,
6, quai du Marché-Neuf.

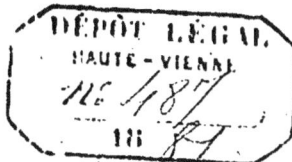

AUX LECTEURS.

Dans un ouvrage intitulé : « *Un Mois à la mer*, » nous avons essayé de décrire à nos jeunes lecteurs les plantes et coquilles de nos plages. Dans ce nouveau livre, nous avons voulu attirer encore leur attention sur les plantes et petits animaux des eaux douces. Un aquarium sera pour nos jeunes amis en vacances un véritable laboratoire de zoologie et de botanique, où ils pourront, en faisant d'amusantes études et de savantes expériences, admirer une fois de plus la grandeur et la perfection des œuvres de Dieu.

CHAPITRE PREMIER.

—

La Maison et ses Hôtes.

Ce n'est pas un château, mais une simple maison placée dans un site charmant près d'un village.

De grands arbres couverts de lierre entourent cette champêtre habitation ; une forêt au bout du jardin complète ses promenades.

Pas d'eau !... dira le visiteur. De rivière, non, mais deux grands étangs, dans la forêt, éloignés d'un quart de lieue à peu près de ce délicieux cottage. Ces étangs sont tels que la main de Dieu les a créés, c'est-à-dire magnifiques! entourés de la plus riche et plus fraîche végétation, de fougères, myosotis et autres plantes sauvages. L'étang des saules surtout, quelle eau claire, quelle fraîcheur! Mais disons le dernier mot sur la maison. C'est une très ancienne construction, ne manquant dans sa simplicité ni de goût ni d'élégance. On la nomme : « Grand-Bois. »

Ses hôtes?...

Monsieur et madame Dhervily, et dans ce moment madame du Theil ainsi que Louis et Anna, ses deux enfants, âgés de quinze et treize ans. (Ceux de nos lecteurs qui auront lu notre ouvrage : « *Un Mois à la mer*, » connaîtront déjà la famille du Theil). Mais pourquoi la douleur règne-t-elle sur les visages des hôtes de Grand-Bois? C'est que la vieille mère de mesdames du Theil et Dhervily vient d'aller au ciel recevoir la récompense d'une vie pieuse et bien remplie; et que, tout en conservant l'espérance de la retrouver un jour, les deux sœurs sont encore toutes à la douleur de la triste et récente séparation. Madame du Theil a donc amené avec elle Louis et Anna passer leurs vacances de Pâques en Bretagne.

Madame Dhervily, déjà âgée, n'a jamais eu d'enfants; aussi reporte-t-elle sur son neveu et sa nièce la tendresse qu'elle eût eue pour les anges que Dieu lui a refusés.

Louis et Anna sont venus avec la pensée de passer à Grand-Bois de tristes vacances; mais ils ont compté sans leur hôte, le bon oncle Michel.

Celui-ci a soixante ans, c'est le plus doux, le plus amusant, le plus aimable des savants.

Il se promit de ne pas laisser une minute d'ennui à son neveu et à sa nièce pendant les quinze jours qu'ils passeront à Grand-Bois.

CHAPITRE II.

—

Visite aux Environs.

Mon bon oncle, dit Louis à monsieur Dhervily, ma mère et ma tante pleurent notre pauvre grand'mère ; voilà Anna qui fait comme elles ; si nous ne cherchons à les distraire de leur chagrin, nous, les hommes de la maison, tout le monde tombera malade, cela est sûr ! Certes, j'aimais bien bonne-maman, mais puisque le bon Dieu a voulu la prendre, ne faut-il pas nous résigner à sa sainte volonté ?

M. DHERVILY.

Tu dis là, mon ami, quelque chose
de très raisonnable. Ta mère et ta tante
sont toutes à leur douleur, si légitime;
laissons-les pleurer ensemble, mais tâ-
chons de distraire ta jeune sœur, dont la
sensibilité est excessive. Prie donc Anna
de venir un moment près de son vieil oncle. Nous allons essayer de la soustraire
à sa peine.

Quelques minutes après, Louis revint
accompagné de sa jeune sœur.

M. DHERVILY.

Mes chers enfants, je dois, pour ma
santé, faire beaucoup d'exercice : ne
voulez-vous pas accompagner votre bon-
homme d'oncle dans ses promenades
journalières, le temps devient si beau
qu'il engage à quitter la maison.

ANNA.

Mon cher oncle, je n'ai pas le cœur à

la promenade : je partage trop le chagrin de maman et de ma tante pour songer à les quitter. Mais voilà Louis qui va
vous accompagner.

M. DHERVILY.

Louis est un très bon petit camarade,
sans doute, chère enfant; mais il serait
bien gentil à toi d'embellir nos promenades de ton aimable présence.

ANNA.

Du moment que vous le désirez, cher
oncle, je suis prête à vous obéir. Per-
mettez-moi seulement de prévenir maman et ma tante?

Un instant après, l'oncle Michel et les
jeunes gens sortaient ensemble de la
maison.

M. DHERVILY.

Chers enfants, vous connaissez les
jardins, la serre, la volière de votre

tante, tout cela ne vous intéresse plus ;
si vous voulez nous allons sortir par la
porte qui donne sur la forêt ?

LOUIS.

Avec plaisir, mon oncle, car depuis
notre enfance nous n'avons pas revu
Grand-Bois et ses environs.

M. DHERVILY.

Cette forêt est très vaste, mes enfants,
finissant auprès de Rennes. Elle a des
endroits pittoresques et remarquables à
les peindre !...

LOUIS.

Mon oncle, j'ai vu quelque chose passer tout à fait au bout de cette avenue,
qu'est-ce que cela ?...

M. DHERVILY.

Un jeune chevreuil, sans doute, cher
ami. Il y en a beaucoup, malgré la chasse
que leur font les loups.

ANNA.

Les loups ! Mais alors, mon oncle,
nous courons de grands dangers ; vous
n'avez pas de fusil ?

M. DHERVILY.

Tu aurais peur des loups, ma petite
Anna ? Allons donc !... Je te croyais plus
brave ?...

LOUIS.

C'est qu'Anna et moi, nous avons entendu raconter de terribles histoires de
ces méchants animaux, par une femme
qui avait été bergère dans sa jeunesse.

ANNA.

C'est vrai ; mais je crois que les loups
n'attaquent jamais les grandes personnes
en plein jour ?

M. DHERVILY.

C'est très rare ; mais cela s'est vu dans
les hivers longs et rigoureux.

On arrivait alors dans un endroit sauvage rempli de gros rochers.

ANNA.

Qu'est-ce que ces rochers? on dirait que le plus gros a été posé sur les autres avec art et intention.

M. DHERVILY.

Ceci, chers enfants, était une enceinte druidique. Le rocher principal est ce qu'on nomme un dolmen. Les Druides, prêtres des barbares païens habitant ces contrées, offraient là aux faux dieux de sanglants sacrifices, tantôt leurs prisonniers de guerre, tantôt d'innocentes victimes, même des enfants. Ils croyaient en agissant ainsi apaiser la colère de leurs fausses divinités.

ANNA.

Heureusement, mon oncle, que dans notre chère Bretagne la foi catholique la plus vive et la plus sincère a remplacé le culte des faux dieux. On est toute fière dans ce temps d'impiété de se dire *Bretonne*.

M. DHERVILY.

A la bonne heure ! Voilà comme j'aime entendre parler les enfants de notre vieille Armorique !...

Et toi, Louis, es-tu fier de ton titre de Breton ?

LOUIS.

Certainement, mon oncle, et si on faisait une croisade contre l'impiété, je serais heureux de verser mon sang pour la religion, en véritable enfant de notre pieux pays !

Les promeneurs arrivèrent alors près d'un vaste étang.

LOUIS.

Quelle étendue d'eau ! on dirait un petit lac.

Aquarium.   2

M. DHERVILY.

Cet étang est immense, mais il n'est
pas le plus curieux, on le nomme l'étang
des Marrênes, du nom de ces plantes
qui le bordent de tous côtés. Mais que
direz-vous donc de l'étang des Saules?...
Il faut garder votre admiration pour celui-là.

Anna fit deux bouquets : de violettes, de jolies clochettes bleues, de
primevères sauvages et de myosotis, pour
sa mère et sa tante. Puis on reprit la
route de Grand-Bois par un sentier délicieux et inconnu. Louis et Anna remer-
cièrent leur bon oncle Michel de leur
avoir fait faire cette charmante promenade.

CHAPITRE III.

—

Récit de l'oncle Michel.

Près de la maison de monsieur Dhervily, il y avait de vastes servitudes :
c'était une étable remplie de jolies vaches; une basse-cour peuplée de toutes
sortes de volatiles; une écurie habitée par
deux bonnes bêtes de chevaux du pays,
servant à la voiture de famille; puis une
laiterie bien installée, dans laquelle
Anna avait pris plaisir à voir faire le
beurre et les fromages à la crême qu'on

servait sur la table de sa tante. Un jour, remontant de la cour, Louis dit à monsieur Dhervily : Je viens, mon oncle, de voir sortir vos vaches de l'étable ; comme elles sont petites !

M. DHERVILY.

C'est la race de notre Bretagne ; ces jolies petites vaches sont connues du monde entier. On en transporte de tous côtés, parce qu'elles sont douces, faciles à nourrir, et donnent du lait qui fournit la bonne crème que vous aimez tant.

LOUIS.

Mon oncle, si vos petites vaches sont douces, vous n'en direz pas autant d'un taureau que j'ai vu passer, lequel m'a fait des yeux terribles ! La vachère m'a crié de me ranger parce qu'il ne me connaissait pas.

M. DHERVILY.

Qu'aurais-tu donc dit de celui que

nous avons perdu il y a huit mois? C'est celui-là qui était un bon défenseur du troupeau; aussi est-il mort à la peine, et son courage a été cité partout dans ce pays!...

LOUIS.

Qu'avait-il donc fait?

M. DHERVILY.

C'est une histoire de loups, mon ami, et pour cela je ne veux pas la dire devant Anna qui a peur de ces cruels animaux.

ANNA.

Au contraire, mon oncle, cela m'amuse infiniment. Ah! dites-la, je vous en prie!

M. DHERVILY.

La voilà: c'était l'été dernier, il faisait une chaleur sans égale. Les animaux étouffaient à l'étable; lorsqu'il en était ainsi on les laissait aux champs, nuits et jours.

Mais les loups, direz-vous? C'est vrai; mais nous avions auprès de notre troupeau son parfait défenseur : c'était un taureau si fort et si méchant que les loups, malgré leurs tentatives, n'avaient jamais pu arriver à saisir une proie. Donc, par cette affreuse chaleur, les animaux étaient restés dans un vaste champ entouré de barrières et de fossés profonds. Ce pré était assez éloigné de la maison.

Trois fois par jour, la vachère, aidée d'une fille de service, allait traire les vaches et rapportait le lait.

Un jour, elle fut étonnée de ne pas voir le taureau (ayant aussi la veille remarqué son absence). Elle fut à la recherche dans le pré, le croyant couché à l'ombre. Arrivant au fossé profond que bordait le bout du grand pré, un spectacle saisissant s'offrit à ses yeux !...

Un énorme loup, la terreur du pays
depuis quelques temps, était percé par
les cornes du taureau, et pour ainsi dire
cloué au fossé (1) par ces formidables
cornes. Le loup était mort et le taureau
aussi. Ce dernier avait dû mourir victime
de son dévouement pour son troupeau.
Il pouvait retirer ses cornes, mais le loup,
d'une taille gigantesque, aurait fini par
étrangler et dévorer quelques-unes de
nos jolies petites vaches.

LOUIS.

Mais, mon oncle, comment, la nuit,
d'après la mort du taureau, les vaches
n'avaient-elles pas été mangées par les
loups?

M. DHERVILY.

Voilà, mon ami : elles avaient été dé-

---

(1) Ce fait est véritable.

fendues par celui qui t'a fait des yeux si
terribles aujourd'hui. Il était très jeune,
mais, vu son précoce courage, il fut installé comme le gardien et défenseur de
son troupeau. Tant qu'à l'autre, on a
cité son dévouement de tous côtés, et un
poète breton l'a raconté en beaux vers (1).

ANNA.

Mais, mon oncle, comment un animal
sans raison peut-il être brave et dévoué.

M. DHERVILY.

Cela ne doit pas t'étonner, chère enfant; n'as-tu pas entendu parler de chiens
et de chevaux qui ont sauvé la vie de
leurs maîtres?

Le bon Dieu a donné l'instinct aux
animaux, et par là, nous voyons que ce
qu'il a fait est vraiment admirable.

---

(1) Brizeux.

LOUIS,

Pour moi, mon oncle, je n'aurai plus peur des méchants yeux de votre nouveau taureau. Je vois maintenant qu'il est nécessaire que ces animaux soient terribles pour faire peur aux affreux loups !... Je vous remercie beaucoup de votre amusante histoire

CHAPITRE IV.

—

L'Etang des Saules.

On était en promenade dans la forêt.
Cette fois les deux mères étaient venues
et on arrivait à ces endroits charmants
qui environnent l'étang des Saules ; nous
allons essayer de le décrire.

De grands saules au feuillage argenté
mirent dans ses eaux limpides leurs formes gracieuses. De frêles et légères feuilles d'un rose tendre tombent des églan-
tiers qui bordent ses rives : la brise du

printemps les a effeuillées. Puis, autour
de ces charmantes roses, de grands roseaux, des glaïeuls sauvages, de bleus
myosotis, des nénuphars aux fleurs de
neige. Nous nous arrêtons..... car cet
étang est à lui seul un poëme, une
idylle. Tous nos promeneurs saisis de sa
beauté mystérieuse s'arrêtent avec admiration !..

ANNA.

Maman, regardez? tout cela est aussi
beau que la mer?

MADAME DU THEIL.

Oui, mon enfant, mais c'est un autre
genre de beauté.

LOUIS.

Mon oncle, je vois de très jolies petites
bêtes sur l'eau; elles tournent avec une
grande vivacité. Mais que d'insectes!

M. DHERVILY

Tu sais, mon cher enfant, que les eaux sont habitées comme l'air par de nombreux animaux?

LOUIS.

Oui, mon oncle, car pendant notre dernier séjour aux bords de la mer, nous avons recueilli beaucoup de coquillages et d'herbes marines.

M. DHERVILY.

Eh bien! la flore des étangs est aussi curieuse à étudier que celle de la mer, et a beaucoup plus de variétés. — J'ai même fait, en m'amusant, une longue étude du monde des étangs et des charmantes plantes qui baignent dans leurs eaux leur fraîche verdure.

— Avez-vous vu des aquariums, mes enfants?

LOUIS.

Oui, mon oncle, au jardin d'acclimatation à Paris, de très beaux !

Puis, chez des amis, de très jolis
remplis d'insectes curieux.

M. DHERVILY.

Mon cher Louis, si tu veux te peupler
un aquarium, je m'offre pour te faire
faire ici les pêches les plus complètes?

LOUIS.

Volontiers, mon bon oncle. Comme
cela sera amusant? Les promeneurs tout
en causant revinrent à Grand-Bois.

CHAPITRE V.

—

Installation d'un Aquarium.

Vous m'avez promis vos bons conseils, mon oncle, dit Louis pour installer l'aquarium que je désire tant; réalisez, s'il vous plaît, votre promesse?

M. DHERVILY.

Avec plaisir, mon ami; mais où comptes-tu le placer lorsque tu vas rentrer au collége?

Et puis, qui le soignera?

LOUIS

Ma mère, qui aime beaucoup l'histoire naturelle. Elle m'a promis de le soigner si je puis l'installer comme il faut.

M. DHERVILY.

Je vais acceder à tes désirs. En arrivant à Paris, tu iras quai des Ecoles, et là tu choisiras un aquarium; il y en a de toutes tailles.

LOUIS.

Mon oncle, je désire en avoir un grand, ma mère l'a permis.

M. DHERVILY.

Alors, mon ami, nous allons pêcher l'étang en conséquence.

— J'ai à te prêter des boîtes de fer-blanc pour mettre tes insectes, et des épuisettes pour pêcher. J'emballerai ton petit monde de façon à ce qu'il ne souffre pas du voyage. Pour le garder d'ici là, installons le plus commode des aquariums.

Ce disant, monsieur Dhervily fut chercher au jardin une grande cloche à melons ; il la posa, renversée, sur un trépied de fer, la remplit d'une eau claire et limpide qu'il avait fait prendre à l'étang. L'aquarium ainsi préparé attendit ses habitants.

M. DHERVILY.

Pour établir un aquarium, mon cher Louis, il faut plusieurs conditions sans lesquelles tu ne conserveras pas les jolis insectes que tu pêcheras.

Nous allons donc essayer d'imiter la nature et les circonstances dans lesquelles ils vivent habituellement. Nous leur rendrons aussi quelques-unes des plantes qui leur sont nécessaires, non-seulement comme abri, mais encore pour purifier l'eau dans laquelle ils vivent.

Ces végétaux contenant de l'oxygène, qui est indispensable, comme tu le sais, aux animaux comme à nous. Il faudra aussi de la lumière à ton aquarium, mais aucun rayon de soleil qui viendrait en corrompre l'eau. — Nous allons mettre au fond de cette eau du gros sable de rivière, comme celui avec lequel on sable les allées de jardin, c'est-à-dire de gros graviers; il faut bien le laver avant de le mettre dans l'aquarium.

Beaucoup d'animaux aiment à grimper et à venir respirer un peu d'air. Nous mettrons donc dans l'eau une petite planchette de liége qui leur servira de refuge et de lieu de repos. Puis tu mettras dans ton aquarium de Paris des rocailles s'élevant au niveau de l'eau.

LOUIS.

Mon cher oncle, toutes espèces d'animaux peuvent donc vivre ensemble, sans craindre de les voir s'entre-dévorer?

M. DHERVILY.

Non, mon ami, nous choisirons dans nos pêches les animaux dont le caractère et les habitudes analogues leur permettront de vivre ensemble sans se nuire. Mais allons chercher notre sable.

ANNA.

Pourrais-je pêcher, moi aussi?

M. DHERVILY.

Certainement, et cela t'amusera beaucoup.

CHAPITRE VI.

—

Plantes aquatiques.

LE SALVINIA-NATANS, LE LEMNA, LE CALLITRIE, L'ANACHARIS, LE
MYRIOPHYLLUM-SPICATUM, LE CHARA OU LUSTRE D'EAU.

La journée commençait chaude et magnifique. Dès le matin, nos jeunes amis,
munis de trubles et de leurs boîtes de
fer-blanc, se rendirent au charmant
étang des Saules.

M. DHERVILY.

Commençons par nous emparer des

plantes aquatiques devant donner la bonne santé au petit monde de l'aquarium.

Voici d'abord une des plantes que nous cherchons : c'est le *Salvinia-Natans*.

Regardez comme ses racines flottent dans l'eau? pour elles il n'y a pas besoin de terre ni de fond ; il convient donc parfaitement aux aquariums.

Tu le reconnaîtras partout à ces feuilles alternes, d'un vert foncé en dessus et brunes en dessous. Parmi ces plantes flottantes vivant à la surface de l'eau sans s'enraciner au sol, nous trouvons encore les *Lemna* ou *lentilles d'eau*. Leur vert frais est aussi agréable à l'œil qu'il est gai pour les insectes aquatiques.

Voici maintenant le *Myriophyllum Spicatum* ou *volant d'eau*. Vous voyez qu'il est bien facile à reconnaître partout? Tu le trouveras très certainement dans les étangs aux environs de Paris pour renouveler les plantes de ton grand aquarium. Tu vois que ses tiges, mon cher Louis, sont rameuses, portant à chaque nœud quatre feuilles ailées en forme de plumes, et se terminant par un épi de fleurs rosées, très petites. Cette plante produit un joli effet. Elle est tantôt flottante, tantôt enracinée légèrement.

Mais voilà le *Callitrie*. Son nom, comme tu le sais, est dérivé du grec (*Kallithrix*), et signifie belle chevelure, il lui a été donné à cause de ses belles racines si légères et flottantes. Elle produit beaucoup d'oxygène. Nous allons la couper, la réunir en bouquet, et attachant toutes ses petites tiges ensemble, nous la mettrons dans notre petit aquarium assujettie par un caillou. Elle poussera ainsi des racines, si nous lui en laissons le temps.

ANNA.

Mon oncle, quelle est cette jolie plante. Convient-il de la prendre ?

M. DHERVILY.

Ma chère enfant, c'est le *Chara* ou *lustre d'eau*. Elle convient aux grands aquariums parce que ses racines tiennent au sol ; c'est une jolie plante , mais son odeur fétide la fait repousser généralement avec dégoût.

LOUIS.

Mon oncle , quelle est celle-ci ?

M. DHERVILY.

C'est l'*Anacharis*, une plante originaire de l'Amérique du Nord. On l'a transportée en Angleterre, et de là en France. Elle est très commune aux environs de Paris et un peu partout aujourd'hui. C'est une plante de premier ordre pour les aquariums produisant beaucoup d'oxygène. Elle croît avec une rapidité surprenante. Le plus petit morceau de sa tige suffit pour produire la multiplication de beaucoup de plants nouveaux. Le petit bourgeon que tu vois à la naissance de ses feuilles se détache seul, tombe au fond et produit des masses de plants. Tu vois que son feuillage est charmant et fort élégant. Elle ne mourra pas si tu as soin d'élaguer tous les rameaux flétris.

Mais en voici assez ; rapportons notre butin et allons l'établir dans l'aquarium.

LOUIS.

Je vous remercie, mon oncle, de m'avoir fait connaître ces plantes. Je vous assure que je n'oublierai pas leurs noms, que j'ai notés sur mon carnet, ainsi que leurs propriétés.

CHAPITRE VII.

—

La première Pêche.

LE DYTIQUE, L'HYDROPHILE, LA LIBELLULE, LES GYRINS.

Louis et Anna, venez! dit monsieur Dhervily. Prenons les troubleaux ou épuisettes, et partons pour la pêche.

Un quart d'heure après, on arrivait à l'étang des Saules.

M. DHERVILY.

Installons-nous. Aidez-moi, enfants, à remplir d'eau claire nos boîtes de fer-

blanc? Toi, Anna, choisis quelques ti-
gelles de plantes aquatiques pour mettre
dans nos boîtes.

Ce disant, monsieur Dhervily prome-
nant doucement le troubleau le long des
herbes, le ramena à ses pieds, à quelque
distance du bord, afin que les animaux
ne sautassent pas dans l'eau de l'étang.

Alors chaque coup de filet ramena des
animaux bizarres et très curieux à examiner.

M. DHERVILY.

Regardez ce bel insecte, d'un vert
olive, bordé de jaune, qui marche sur ses
compagnons comme un conquérant? C'est
le *Dytique bordé*, le tyran des eaux douces. Nous mettrons, lui et ses semblables
que nous pêcherons, dans un second
aquarium; car, s'il était mis avec nos
autres insectes, il les dévorerait; rien
n'égale sa férocité, c'est le tigre des
étangs. Les dytiques vivent dans l'eau et

dans l'air, c'est-à-dire que le soir ils sortent de l'eau et prennent leur essor à travers l'espace. Pour les nourrir, on leur donne de la viande crue coupée très menue.

Regardez ses yeux?

ANNA.

Oh! mon oncle, qu'ils sont beaux! Ils brillent comme des diamants!

LOUIS.

Qu'est-ce que celui-ci, mon oncle? Quel bel insecte!

M. DHERVILY.

C'est un *Hydrophile*, l'animal le plus remarquable par sa taille et ses instincts.

ANNA.

Quelles belles couleurs vertes et brunes, il est luisant comme du cristal.

M. DHERVILY

Les hydrophiles sont herbivores et ne feront aucun mal aux autres habitants de l'aquarium.

ANNA.

Regardez ce vilain ver; comment le nommez-vous ?

M. DHERVILY.

Ma chère enfant, c'est une *larve*, c'est-à-dire un animal qui n'est pas encore arrivé à l'état parfait. De cette larve il sortira une brillante et élégante *Libellule* ou demoiselle. Cette larve est très curieuse à examiner lorsque l'instant de sa transformation sera arrivé, elle grimpera sur quelques plantes aquatiques, et là, se desséchant et se fendant en deux sur le dos, la peau laissera voir l'insecte parfait, lequel dépliant ses petites ailes au souffle du printemps, s'envolera sur les fleurs au milieu de la prairie.

Regardez, mes enfants, la puissance et la bonté de Dieu dans la plus petite de ses œuvres? Qui pourrait croire, s'il ne l'avait vu, que ce brillant insecte ailé, fait pour l'air, a longtemps grouillé et rampé dans la vase de l'étang?

ANNA.

C'est admirable! Mais, mon oncle, qu'est-ce que ces petites bêtes qui tournent en tous sens sur l'eau?

M. DHERVILY.

Ce sont des *Gyrins* ou *tourniquets;* on dirait de légères étincelles, tant leur petite carapace brille au soleil. Mais en voilà dans notre troubleau. — Nous allons terminer notre première pêche par eux. Les évolutions qu'ils font sur l'eau sont leurs chasses pour attrapper de tout petits insectes, dont ils se nourrissent.

Allons, chers enfants, il est temps de rentrer, dépêchons-nous. Nous avons encore à mettre nos insectes dans l'aquarium avant dîner. Monsieur Dhervily et les enfants rentrèrent à Grand-Bois après cette première pêche.

CHAPITRE VIII.

—

L'affreuse Nuit.

On dînait à cinq heures chez monsieur Dhervily. Après le dîner qui suivit la première pêche, Louis, en arrangeant ses boîtes de fer-blanc et les épuisettes, s'aperçut qu'il avait oublié à l'étang des Saules le petit carnet où il avait écrit les noms des insectes.

« Oh ! dit Louis, s'il pleut, mes no-
» tes vont être perdues ! et puis mon
» cher portefeuille, souvenir de ma

» pauvre bonne-maman, sera detruit par
» l'eau également. »

Louis rentra au salon pour dire à sa
sœur son ennui et son inquiétude. Mais
des personnes des environs étaient venues en visite chez monsieur Dhervily, on
causait. Louis, après quelques minutes
passées au salon, perdit l'espoir de prendre conseil de quelqu'un au sujet de son
oubli à l'étang.

« Il fait encore très jour, se dit le
» jeune garçon; je suis bien assez grand
» pour courir seul à l'étang des Saules
» et rapporter ainsi mon cher agenda. Je
» me souviens parfaitement de l'endroit
» où je l'ai placé pendant notre pêche.

» Je serai revenu avant même qu'on
» ne s'aperçoive de mon absence. »

Là-dessus, il prit la grande avenue en
courant de toutes ses forces.

A moitié, Louis s'arrêta tout à coup.

« Que je suis donc simple, dit-il;

» de prendre le chemin le plus long ;
» voici le petit sentier à travers le fourré,
» lequel va abréger ma route de moitié.
» Je me souviens de l'avoir pris avec
» mon oncle. »

Ce disant, Louis recommença sa course, mais cette fois dans les taillis. Ce petit chemin n'en finissait pas ; force fut à Louis de reconnaître qu'il s'était égaré dans la forêt.

Le cœur du jeune garçon ne battit pas, de crainte ou d'émotion. Louis étant très vaillant pour son âge, il essaya de retrouver son chemin en revenant sur ses pas ; peines perdues ! il était loin de toute avenue ou grande voie. La nuit était venue compliquer la situation. Louis ne voyait plus devant lui !

A chaque moment la peur de se frapper dans les jeunes arbres l'arrêtait. Cependant il espérait trouver quelques issues ou la lisière de la forêt ; il allait donc toujours en avant, lorsque..... O

malheur!... Louis jeta un grand cri d'effroi!... la terre manquait sous ses pieds!...
Il tomba dans un abîme ouvert subitement
sous ses pas, au milieu de la mousse et
de l'herbe.....

Après une chute de dix pieds de haut,
Louis se trouva debout, sans aucun mal,
mais il était très étourdi. Son premier
sentiment fut de remercier Dieu de l'avoir
épargné. Finissant sa prière, il leva les
yeux et aperçut le ciel à travers le trou
qu'il avait fait en tombant. Il se releva
alors et fit avec précaution le tour de
l'abîme. C'était une espèce de chambre
carrée dont les quatre côtés taillés à pic
rendaient impossible le retour dans la
forêt.

« Où suis-je? dit Louis.

» A quoi peut servir cette cave au mi-
» lieu de la forêt?

» Enfin, le jour viendra et on me trou-
» vera ici, voilà tout!... peut-être ne

Aquarium. 4

» suis-je pas éloigné de quelque maison
» de garde-forestier,.. si j'appelais? »

Et Louis de sa voix la plus forte se
mit à crier : « Mon oncle !... à moi !...
» venez à mon secours !... » Mais sa
voix était étouffée par le toit de ce trou
profond.

Louis perdit l'espoir de se faire entendre. « Dans quelle inquiétude vont
» être ma bonne mère et Anna! dit-il,
» cela me chagrine plus que l'ennui de
» passer la nuit ici. Mais enfin la terre
» n'est pas humide, je suis bien couvert,
» je puis bien supporter cette épreuve
» que Dieu m'envoie! »

Louis étant pieux, il se mit à genoux
et dit dévotement sa prière du soir. Il se
recommanda à la sainte Vierge, à son
bon ange gardien, puis sa prière finie,
il s'assied à terre, et appuyant sa tête
sur un des côtés de l'abîme, il s'endort.
Combien de temps notre pauvre garçon
a-t-il dormi? Il ne peut le dire; mais il

est réveillé par un bruit sourd. Une lueur légère venant d'en haut lui fait voir que le toit de cette chambre sous terre s'est encore écroulé une fois, dans une autre partie, sous les pas d'un personnage promeneur comme lui, pensait-il. Ce personnage depuis sa chute se tenait à l'autre extrémité de l'abîme, sans faire un seul mouvement.

— Voilà un singulier compagnon, pensa Louis ; et puis haut :

« Qui êtes-vous ? Je vois que vous » avez eu le même sort que moi ? Vous » êtes-vous fait mal en tombant ? Peut- » être à nous deux pourrions-nous sortir » d'ici ?... Aucune réponse. »

Cependant l'objet avait bougé... « Se- » rait-ce donc un animal, dit Louis. » Il fit alors quelques pas vers l'objet qui excitait ainsi sa curiosité... Mais il fut arrêté par deux lumières qui brillaient dans l'ombre comme deux tisons ardents.

« — Cela doit être un loup, pensa
» Louis ; je vais faire mon acte de con-
» trition et attendre ce que Dieu a décidé
» pour moi. »

Sur cette pensée, il recommanda son
âme à Dieu ; puis, ayant dit le « *Souve-*
nez-vous » et une prière ardente au cœur
si tendre de Jésus, il sentit le calme re-
naître dans son âme. Il resta alors debout
et immobile à attendre le jour.

CHAPITRE IX.

—

Cruelles Angoisses

Les visites étaient parties, et Anna ne voyant pas son frère, sortit du salon pour aller le chercher.

Personne ne l'avait vu !

Anna revint dire à sa mère que Louis n'était pas à la maison.

— Allons donc ! dit madame du Theil, où veux-tu qu'il soit à cette heure ? Il fait tout à fait nuit.

Madame du Theil monta à la petite chambre de Louis, elle était vide. On ouvrit les fenêtres et on appela le jeune garçon ; rien ne répondit.

Monsieur Dhervily visita toute la maison, questionna tous les domestiques ; Louis, depuis le dîner, n'avait pas paru. Madame du Theil désolée et Anna très chagrinée aussi, se mirent à pleurer. M. Dhervily envoya au village, là encore personne n'avait vu Louis ! Monsieur et madame Dhervily essayèrent de consoler leur pauvre sœur et leur nièce.

— Calmez votre chagrin, ma bonne sœur, dit monsieur Dhervily, Louis a bientôt quinze ans, ce n'est plus un enfant ; il est très sérieux, très sensé, et cette disparution que nous ne pouvons nous expliquer, il est vrai, ne doit être que très naturelle.

On avait envoyé les domestiques de tous côtés au village et dans le commencement de la forêt. Un bûcheron rentré

dans sa maison au village avait vu Louis
courir au commencement de la grande avenue. Monsieur Dhervily était très tour-
menté. Il avait fait visiter (sans le dire)
tous les puits de la maison, craignant
quelque accident. Personne ne se coucha
à Grand-Bois. L'aurore retrouva la même
douleur au cœur de la mère! La même
inquiétude dans l'esprit de tous les habitants de la maison.

CHAPITRE X.

—

Decouverte.

Nous retournons près de Louis et nous attendons avec lui, non sans une grande impatience le retour de l'aurore. Rien de changé pour le jeune garçon : les hurlements des loups, très près de l'abîme où il est tombé, l'ont glacé d'effroi toute la nuit.

Le souvenir des histoires de loups ra-

contées par Victoire (1) la pêcheuse lui
sont revenues à la pensée, et son courage
n'a pas faibli.

Cependant notre vaillant garçon voit les
étoiles pâlir à travers les trous faits au
toit de verdure. Bientôt une légère lueur
rosée descend comme un faible rayon
d'espoir au fond du noir abîme...

Louis peut alors distinguer l'etrange
compagnon que la nuit lui a apporté...
C'est un énorme loup!... A-t-il faim?...
Est-ce de la curiosité?... Toujours est-il
qu'il reste couché comme en arrêt, ne
quittant pas Louis des yeux. Que serait-
il advenu de cet examen si le tête-à-tête
n'eût été subitement interrompu par une
grosse voix criant d'en haut : « Hé! Guil-
» laume, viens m'aider! arrive vite! Il
» y en a deux de pris; apporte l'échelle.
» Je vais les tuer à coups de fusil.

---

1) Voir *Un Mois à la mer.*

« Arrêtez !... s'écria Louis, il n'y a
» qu'un loup !... Je suis le neveu de
» monsieur Dhervily ; je suis tombé ici
» par accident hier soir. »

« Le neveu de monsieur Dhervily dans
» la fosse aux loups ?... Est-ce possi-
» ble ?... Mon bon monsieur, quelle
» chance de n'avoir pas été mangé cette
» nuit par le loup !... Nous allons vous
» ôter de là tout de suite... »

Cinq minutes après Guillaume met-
tant l'échelle et Louis en montant lestement les échelons, revoyait la lumière
avec une grande joie !... Tout s'expliqua.
Le pauvre Louis étant tombé dans une
de ces fosses, les meilleurs piéges pour
prendre les loups, dont la forêt dans
cette partie était infectée. Louis sans s'en
douter, avait fait une lieue dans sa
course du soir.

Les bûcherons le ramenèrent chez monsieur Dhervily. Tout en cheminant, ils dirent à Louis que ces piéges à loups leur

rapportaient gros, ayant une certaine
somme par chaque tête de loup, qu'ils en-
voyaient à Rennes. L'autorité cherchant à
détruire ces affreux animaux. Ils lui con-
tèrent aussi que l'année passée un pauvre enfant de douze ans, le petit Ambroise, du village de Nayal, étant allé
chercher le médecin la nuit pour son
père atteint de paralysie, s'était, par
l'obscurité, trompé de chemin et qu'il
était tombé dans une de ces fosses dans
laquelle un loup venait de chûter. Le
malheureux garçon fut dévoré vivant !...
Le lendemain, les vêtements d'Ambroise
trouvés dans la fosse apprirent l'affreux
sort du pauvre petit garçon (1) !...

Louis entendant cela remercia Dieu de
l'avoir gardé et protégé !... On rencontra
les domestiques qui revenaient découra-
gés de l'inutilité de leurs recherches.

---

(1) Ce fait est vrai.

Bientôt des cris joyeux apprirent à la famille le retour de Louis qui vola avec transports dans les bras de sa mère, laquelle pleurait de joie de revoir son cher enfant !...

Louis raconta sa nuit si affreuse et si longue ! Anna pensa s'évanouir de frayeur au récit du danger qu'avait couru son cher Louis.

— Tu ignorais donc, mon cher enfant, dit monsieur Dhervily à Louis, que dans toutes nos forêts on creuse de ces fosses pour prendre les loups ? Cela est dangereux, j'en conviens, mais seulement pour les étrangers, car les gens du pays évitent de passer par cet endroit, connu de tous. Je ne t'en ai pas parlé parce que je ne pouvais pas penser à un de vous égaré seul de ce côté.

LOUIS.

Mais, mon oncle, comment sont donc

installés ces piéges qu'ils restent invisibles ?...

M. DHERVILY:

C'est très simple : Une fois la terre creusée comme tu l'as vue, on la recouvre de très légères branches croisées ; sur le tout on place une épaisse couche de mousse bien verte qui cache cette espèce de silo ; au milieu de ces branches on place un morceau de viande crue ; les loups affamés se jettent sur cette pâture offerte à leur voracité... le toit s'effondre et... tu sais le reste, mon pauvre Louis ?... Mais tu as peu dormi, je te conseille d'aller te coucher quelques heures.

Louis suivit le conseil de son oncle. On vit que Dieu avait protégé celui qui avait mis en lui toute sa confiance ; car le jeune garçon ne fut ni malade ni même fatigué de son affreuse chute, pas plus que de cette nuit passée sous terre. Le endemain la pieuse famille fit dire au village une messe d'actions de grâces, et les amis de monsieur et madame Dhervily vinrent avec eux remercier le Seigneur d'avoir préservé de tout mal leur jeune neveu.

CHAPITRE XI.

Le Créizker et Saint-Pol-de-Léon.

L'aurore que Louis avait vue se lever si rose apporta une journée de pluie. Après s'être reposé quelques heures, le jeune garçon vint retrouver la famille au salon.

Il était impossible de sortir, la pluie tombait à torrents !... Lorsqu'on eut regardé et soigné les insectes aquatiques, on n'eut plus rien à faire !

Mais le bon oncle Michel apporta alors un immense carton rempli de grandes et belles photographies. Louis et Anna s'installèrent à une table pour les examiner à loisir.

M. DHERVILY.

Vous voyez là, chers enfants, les monuments les plus curieux que la Bretagne renferme.

Voici le Calvaire de Pleyben (1). Regardez le nombre de personnages qui se pressent autour du Calvaire où Notre-Seigneur Jésus-Christ expire sur la croix !...

Quelle expression et quelle vérité dans la douleur qui éclate sur le visage de chacun de ces spectateurs !... et ils sont là une cinquantaine !...

Ce morceau d'architecture est magni-

---

(1) Près Quimper.

fique!... Aussi vient-on de très loin, à Pleyben, pour le voir.

ANNA.

Mon oncle, qu'est-ce que ce haut clocher découpé comme une dentelle?..

M. DHERVILY.

C'est le Créizker, la merveille bretonne!... Ce magnifique clocher décore la petite ville appelée Saint-Pol-de-Léon (dans le Finistère), du nom du saint qui la convertit à la foi.

Mais vous savez, mes enfants, que le premier évêque de Léon avait passé sa jeunesse, ainsi que saint Samson, son cousin, sous la conduite de saint Iltut. Touché de l'aveuglement des Osismiens, il vint pour leur faire connaître et adorer Notre-Seigneur Jésus-Christ.

Sa pieuse entreprise fut couronnée des plus grands succès : il fut sacré évêque

malgré ses refus (parce que sa grande
humilité lui faisait refuser cette dignité).
Il convertit les idolâtres, et mourut vers
l'an 573, à l'âge de cent ans.

La ville de *Léon* s'appela depuis *Saint-
Pol-de-Léon*, nom qu'elle porte aujour-
d'hui. Vous voyez cette photographie?
C'est la cathédrale de Saint-Pol qui était
autrefois un évêché.

ANNA.

Mais, mon oncle, cette jolie tour,
quelle est-elle?

M. DHERVILY.

Je vais vous dire la légende du Créiz·
ker :

On assure qu'un seigneur païen se
livrait, pour posséder des richesses, aux
plus affreux pillages !

Il avait, dit-on, des armées qui lui
servaient à piller et brûler les châteaux

de tous ceux qui refusaient de partager leurs biens avec lui.

Il était devenu la terreur de la Bretagne. Cet idolâtre, dit-on, entendit parler du christianisme. Sans doute il eut un remords de sa vie coupable, car il vint trouver des disciples de Saint-Pol-de-Léon lesquels habitaient un monastère dans l'île de Bas.

Ces bons religieux lui firent comprendre l'étendue du mal qu'il avait fait. Ce seigneur, désespéré de sa vie de meurtres et de pillage, se repentit et devint un bon chrétien. Il fit alors venir à ses frais les plus grands artistes sculpteurs de l'Italie, lesquels, aidés des tailleurs d'images qui commençaient à orner de leurs œuvres les premières églises de l'Armorique, construisirent cette tour sans pareille ! Sans doute il avait voulu, en faisant élever ce monument, témoigner aux générations futures ses regrets de sa vie criminelle.

J'ai monté les quelques cents marches qui mènent au sommet du Créizker.

De ce point, j'ai vu les côtes d'Angleterre et les sept îles.

La Manche m'apparaissait comme un large ruban d'un vert argenté. Pour les milliers de villages que je voyais sous mes yeux, on aurait dit de légères taches de poussière au milieu d'une riche verdure.

Voyez, mes enfants, cette tour admirable est posée légèrement sur quatre piliers; elle est découpée comme une fine dentelle, et la pierre toute à jour qui forme le clocher n'a pas plus de deux doigts d'épaisseur. D'en bas, cette découpure sur le ciel bleu fait un effet splendide!

LOUIS.

Il faut avouer, mon oncle, que cette petite ville est richement dotée?

M. DHERVILY.

Oui, mon ami. Elle possède encore quelque chose de curieux : c'est une immense pierre de granit creusée comme une nacelle ; on la montre dans la cathédrale comme le bateau qui rapporta saint Pol de la Grande-Bretagne en Cornouailles, lorsqu'il vint convertir les idolâtres de ce pays.

J'espère, mes enfants, qu'un jour nous irons tous faire une visite à ces beaux monuments de notre chère Bretagne !

———>o✳o<———

CHAPITRE XII.

La deuxième Pêche.

LA PERLE OU PHRYGANE, LE NOTONECTE, LA CORISE OU NÈPE CEN-
DRÉE, LA SALAMANDRE, L'ARGYRONÈTE, LES PLANORBES,
LA PALUDINE, LA NÉRÉIDE.

Si vous voulez, mes enfants, augmen-
ter le nombre des habitants de votre
aquarium, il nous faut profiter de cette
belle journée?

LOUIS.

Avec plaisir, cher oncle; nous n'avons
que quatre petites bêtes en tout !

On partit d'un bon pas, et on fut bientôt arrivé à l'étang des Saules. Monsieur Dhervily donna alors plusieurs coups de troubleau, et on examina ce que l'on avait péché.

LOUIS.

Regardez ces jolis petits étuis, qu'est-ce que cela ?

M. DHERVILY.

C'est une des choses les plus curieuses qu'on puisse observer, mon ami. Ce sont des larves de mouches à quatre ailes, nommées *Perles* ou *Phryganes*. C'est l'insecte imparfait, nommé larve, qui a construit cette petite demeure et y habite. Regardez quelle fantaisie a présidé à ces constructions artistiques ? Une de ces larves a construit son étui avec des petits morceaux de bois liés ensemble; l'autre avec de légères coquilles collées délicatement. Une troisième s'est emparée de petits végétaux : son étui est un petit bouquet de verdure. Une quatrième a réuni des petites brindilles de l'étang : son étui est un nid. Le plus curieux, c'est de voir la larve fabriquer son étui ; pour cela, il faut la faire sortir de celui qu'elle habite afin de la forcer à recommencer une nouvelle habitation. Nous la mettrons à part, dans un vase en verre rempli d'eau limpide ; là, avec la tête d'une épingle, nous pousserons doucement la larve hors de son étui, nous enlèverons le dernier et nous la verrons s'en bâtir un nouveau.

ANNA.

Mais, mon oncle, avec quoi le fera-t-elle ?

M. DHERVILY

Nous lui donnerons des petits morceaux de bois, des petites coquilles d'eau douce, des petites pierres plates très légères. Ayant choisi ses matériaux, nous la verrons se mettre à la besogne.

Celle qui fabrique son étui avec des pierres en prendra trois très minces, elle les attachera avec de la soie (qu'elle a filée), de façon à faire une voûte; alors elle se blottira dans cette petite boîte, et la voyant à sa taille, elle la bouchera à chaque bout par deux petites pierres plates. Elle s'occupera alors de tapisser l'intérieur d'une soie fine et douce : tout cela durera six heures au plus.

LOUIS.

Mais, mon oncle, c'est donc un tombeau?

M. DHERVILY.

C'est cela, mon ami. Lorsque la larve sent que l'instant de sa transformation arrive, elle quitte son étui, nage renversée sur le dos, se servant de ses pattes comme d'avirons, elle arrive à terre et là se retourne. Alors sa peau se fend sur le dos ; la *Perle* ou *Phrygane ailée* sort de sa vieille enveloppe, et déployant ses ailes , s'envole dans un rayon de soleil.

ANNA.

Que c'est curieux , mon oncle !...

M. DHERVILY.

Admirons encore ici, mes enfants , la puissance de Dieu qui a donné , comme je vous le disais ces jours derniers , de si admirables instincts aux animaux !...

LOUIS.

Mon oncle , quel nom donnez-vous à cette curieuse bête?

M. DHERVILY.

Mon ami, c'est le *Notonecte*, ainsi nommé parce qu'il nage (le plus souvent

sur le dos) ; il ressemble à une jolie nacelle armée de trois paires de pattes qui
sont pour lui des rames.

Regardez ces couleurs brunes et bleuâ-
tres? Lorsqu'il nage sous l'eau, il est
brillant comme de l'argent !

Mais... ne le prends pas avec tes doigts,
mon cher Louis, il te piquerait comme
une guêpe, seulement cela se guérirait
vite. Nous ne le mettrons pas avec nos
autres insectes, car il les dévorerait
tous.

ANNA.

Qu'est-ce que cette petite bête grise,
rayée de blanc?

M. DHERVILY.

C'est une *Hydrocorise*. Tu prendras
plaisir à la voir marcher par secousses
sur l'eau; on l'appelle aussi *Nèpe cen-
drée*.

LOUIS.

J'ai ramené dans mon épuisette une espèce de lézard tigré ; qu'est-ce que cela, s'il vous plaît, mon oncle ?

M. DHERVILY.

C'est une *Salamandre* ou lézard d'eau. Rien de si doux comme elle ; tu peux la mettre dans ton aquarium. Seulement, ces animaux aiment à venir souvent respirer l'air à la surface de l'eau ; si on ne met un rocher en rocaille, où ils puissent grimper et se reposer hors de l'eau, on les voit s'épuiser à se maintenir à la surface de l'aquarium pour respirer l'air. Tu donneras à ta capture de petits morceaux de viande crue, elle vivra ainsi longtemps cette jolie *Salamandre*.

Mais voici une *Argyronète* ou araignée d'eau. C'est un insecte des plus industrieux à observer.

Au contraire des autres araignée, elle
passe sa vie au fond de l'eau. Elle y file
et y chasse sans avoir le besoin de respirer souvent comme les autres bêtes d'eau.

Lorsque l'*Argyronète* veut construire
son nid, elle vient à la surface de l'eau ;
elle emporte une grosse bulle d'air qu'elle
va placer sous quelques feuilles aquatiques ; elle remonte encore prendre une
nouvelle bulle d'air qu'elle joint à la
première. Elle les entoure alors d'une
matière soyeuse qu'elle fixe aux plantes
aquatiques. Puis elle recommence ce
manége jusqu'à ce que la bulle d'air soit
de la grosseur de la moitié d'un œuf de
pigeon, alors elle habitera ce petit dôme ;
cette cloche est remplie d'air sans une
goutte d'eau.

Depuis des siècles, l'*araignée aqua-
tique* se servait de la cloche à plongeur
lorsqu'on a cru l'avoir inventée.

Si on jette une mouche morte à l'*Argyronète*, et qu'elle ait fait son dîner, elle

attache sa proie par une soie, comme provision, dans sa demeure.

LOUIS.

Mon oncle, je croyais qu'il n'y avait de mollusques que dans la mer, et voici que mon troubleau en a ramenés plusieurs.

M. DHERVILY.

Tu a fais là une belle pêche, mon ami ; voici le *Planorbe corneus*, beau et grand mollusque, et une jolie *Paludine*, puis encore une *Néréide*. Ces trois espèces sont très bonnes pour mettre dans un aquarium. Elles mangent paisiblement les feuilles des plantes aquatiques sans nuire à rien autre.

Allons, mes enfants, il est l'heure de rentrer pour mettre dans votre aquarium votre pêche d'aujourd'hui.

On prit gaiement le chemin de la maison.

CHAPITRE XIII.

Troisiéme Pêche.

LES COLYMBÈTES, LA NANATRE, LES GERRIS, L'ACARUS D'EAU.

Nous venons de compter les hôtes de notre aquarium, mon bon oncle, dit Louis à monsieur Dhervily, et nous n'avons qu'une douzaine d'espèces différentes. C'est bien peu !...

M. DHERVILY.

Chers enfants, je suis disposé à vous faire faire encore une bonne pêche aujourd'hui. Prenez vos boîtes, et partons pour l'étang.

En arrivant, Louis se donna le plaisir de promener son troubleau parmi les plantes aquatiques. Monsieur Dhervily, qui suivait attentivement la pêche du jeune garçon, s'écria :

— Attention ! Louis, voilà quelque chose de bien. Tu as ramené là des *Colymbètes* de différentes espèces ; ces insectes sont de la famille des *Dytiques*, et carnassiers comme eux. Il faudra la nuit recouvrir l'aquarium avec de la gaze, car ces scarabées d'eau prennent leur vol dans l'air et reviennent à l'eau le matin seulement. J'avais autrefois installé un aquarium à la maison ; votre tante, une nuit que je me trouvais souffrant, traversant le salon pour réveiller les domestiques, entendit bourdonner une vingtaine de *Dytiques* et de *Colymbètes* autour d'elle, à sa grande frayeur. Une fois que je fus guéri de mon indisposition, je fis couvrir d'une gaze, le soir, la demeure de ces promeneurs de nuit.

Mais regardez ces jolies *Colymbètes*? leur couleur noire, tigrée de jaune, les distingue des *Dytiques*. A tout cela, il faudra donner des petits morceaux de viande crue.

ANNA.

Mon oncle, j'ai ramené un animal bien laid, regardez?

M. DHERVILY.

C'est une *Nanai* *filiforme*. Cet insecte se sert de ses longues pattes pour saisir sa proie.

LOUIS.

Voici de nouveaux insectes inconnus pour moi; quels noms portent-ils, mon oncle?

Aquarium. 6

M. DHERVILY.

Ce sont des *Gerris*. Regarde leur corps? Il est couvert d'un duvet soyeux, comme celui des canards sauvages. Ce léger duvet leur permet de glisser sur l'eau sans se mouiller. Les *Gerris* sont carnassiers.

LOUIS.

Voilà un autre animal d'un rouge éclatant; qu'est-ce que c'est, s'il vous plaît?

M. DHERVILY.

Mon ami, c'est un *Acarus* d'eau. Regarde quelles petites jambes? On le croirait rond comme une boule, cependant il se meut très vite. Mets-le dans ta boîte, il est assez rare dans nos étangs.

Pour terminer, mes chers amis, nous allons prendre encore ces deux plantes: Celle-ci est la *Morrène*; c'est une jolie plante, ses fleurs, d'un beau blanc, composées d'un calice et de trois feuilles, font un effet charmant sur l'aquarium. L'autre est le *Potamogeton-Natans*. Tu vois que ses fleurs si petites poussent en épis? Cette plante abonde dans tous les étangs; tu la reconnaîtras à son feuillage d'un bleu verdâtre. Mais l'heure s'avance, mes chers amis, rapportons notre pêche.

LOUIS.

Ah! cette fois, mon oncle, nous avons une jolie collection, et je crois que nous pouvons nous en tenir là.

M. DHERVILY.

Oui, cher Louis, car tu possèdes maintenant les insectes d'eau les plus curieux à observer.

Et les pêcheurs dirent adieu au charmant étang des Saules.

CHAPITRE XIV.

Emballage de l'Aquarium et Départ.

C'est aujourd'hui, chers enfants, qu'il vous faut déployer toute votre activité ! C'est le dernier jour de vos joyeuses vacances, et, partant ce soir, vous avez fort à faire pour terminer vos préparatifs de départ.

LOUIS.

Oh ! mon bon oncle, comme ils ont

vite passé, grâce à vos bontés pour nous, ces jours de vacances !...

ANNA.

Il est vrai, mon bon oncle, que nous avons trouvé de charmantes et intéressantes distractions à Grand-Bois !

LOUIS.

Mais, j'y pense, comment emporter nos chers petits animaux aquatiques et nos jolies plantes de l'étang?

M. DHERVILY.

Pour les plantes, mon cher Louis, elles ne seront que des échantillons, car tu trouveras les semblables espèces aux environs de Paris. Mais enfin nous les arrangerons pour les transporter dans toute leur fraîcheur. Pour tes insectes d'aquarium, nous allons les emballer.

LOUIS.

Mais, mon oncle, si on les met comme des colis au chemin de fer, je n'en trouverai pas un de vivant en arrivant. Mes pauvres insectes auront été étouffés pendant la route !

M. DHERVILY.

J'ai tout prévu, mon cher Louis. J'ai fait percer de nombreux trous sur nos boîtes de fer-blanc. Nous allons remplir ces dites boîtes d'une eau limpide puisée à l'étang, puis, sur quelques feuilles fraîches et mouillées de *Salvinia*, de *Callitrie* et de *Myriophyllum*, plantes si aimées des insectes d'eau, nous poserons tous les futurs habitants de ton grand aquarium. Je puis t'assurer que pas un d'eux ne périra dans le trajet.

LOUIS.

Merci, mon bon oncle ! mais nos plantes ? Je voudrais tant pouvoir les garder.

M. DHERVILY.

Je comprends ta pensée et ton désir :
tu veux (au moyen de ces plantes que tu
connais nouvellement), être sûr de
l'identité de celles que tu recueilleras
aux environs de Paris.

Nous allons donc agir en conséquence.

LOUIS.

Oh! comme cela va me récréer à mes
sorties!...

M. DHERVILY.

Mon cher ami, l'étude du petit monde
des eaux n'est pas seulement un amuse-
ment, mais elle est pour le naturaliste
un champ de curieuses expériences, pour
le chrétien une nouvelle occasion d'admirer la sagesse et la bonté de Dieu dans
ses plus minimes créations.

C'est pour cela que le goût des aquariums s'est tellement propagé depuis quelques années. Les plus beaux qu'on puisse voir sont, comme tu le sais, ceux du collége de France et ceux du jardin d'acclimatation au bois de Boulogne.

Les Anglais n'ont rien de si complet dans leur jardin zoologique de Londres : cela j'ai pu l'apprécier dans mon dernier voyage en Angleterre. Nous autres, nous nous entendons mieux à parer les humides demeures de nos insectes aquatiques ; mais allons arranger nos plantes d'eau ?

LOUIS

Comment les transporter ?

M. DHERVILY.

Tu vois ce panier finement tressé ? Il est destiné à recevoir ces plantes. Nous allons mettre dans le fond de larges feuilles de *Nénuphar* bien mouillées et de la mousse fraîche ; puis, dessus, nous allons arranger tes plantes : les plus vi-

goureuses dessous et les espèces fines et
délicates au-dessus. Puis nous mettrons
encore des feuilles de *Nénuphar*, et le
tout mollement fermé arrivera sans acci-
dents à sa destination.

Tu prendras soin de les mettre dans
l'eau dès l'arrivée !

ANNA.

Mon cher oncle, vos leçons de botanique ne seront pas perdues. J'aiderai à
Louis pour retrouver et reconnaître ses
jolies plantes aquatiques. J'ai noté leurs
noms et leurs qualités.

Monsieur Dhervily, aidé de Louis et
d'Anna, fit l'emballage des plantes et
des petits animaux. Lorsqu'il eut assuré
à tout cela un voyage sans périls, on
monta en voiture pour faire une dernière
visite aux parents et aux amis de la famille.

On revint à Grand-Bois, après avoir

dit adieu à cette chère forêt où on s'était
tant amusé ; puis l'omnibus emporta les
Parisiens au chemin de fer.

Autrefois, Louis et Anna du Theil
avaient emporté, en quittant la mer, un
grand nombre de coquilles et de plantes
marines pour souvenir de leur voyage.
Aujourd'hui le gracieux étang des Saules
s'était dépouillé, pour nos jeunes amis,
de sa fraîche verdure et des petits habitants de ses eaux limpides. Nous devons
ajouter que le voyage se fit sans aucun
accident pour les voyageurs comme pour
le petit monde des eaux.

Quelques jours plus tard, Louis et
Anna montraient à leurs amis un splendide aquarium, tout couvert d'une végétation florissante, qui leur rappelait les
jolies promenades faites dans la forêt,
et leurs pêches au vaste et frais étang des
Saules.

A. D'ARZANO.

ESSAI SUR LES ŒUVRES DE DIEU.

~~~~~~

Règne végétal.

MARIE.

Marie! viens, éveille-toi! Si ton sommeil est calme, si un songe riant te berce de ses touchantes illusions, abandonne-le, car ce que je veux te montrer est bien plus beau qu'un rêve. Viens, et tu verras : le soleil ne s'est pas encore élevé au-dessus de la montagne ; la brise légère fait trembler la rosée dans le feuillage, et les oiseaux commencent à chanter sur le bord de leurs nids

Et, en disant ces mots, une jeune fille à la voix douce et fraîche, à la taille gracieuse et dessinée par les plis ondoyants d'une robe blanche, entr'ouvrait doucement les rideaux de mousseline derrière lesquels sommeillait sans doute une autre enfant, une sœur à l'âme candide et pure comme la sienne.

— Ah ! c'est toi, Laure, lui dit-elle ; comme tu es bonne de m'avoir réveillée ; combien je te remercie de ton aimable attention. La nature doit être si belle en ce moment, que je ne regrette ni mon sommeil ni mes rêves, qui pourtant m'avaient reportée à Paris, au milieu de nos compagnes. C'était quelques jours avant les prix ; nous étions rassemblées, comme l'année dernière, dans l'allée des marronniers ; nous parlions des vacances, de nos espérances de jeunes filles ; nous ne les avons pas attendus cette année, les prix. Maintenant nous sommes avec notre bonne mère, dans cette belle Provence,

qui l'a vue naître, et vers laquelle se reportaient ses désirs.

Et tout en parlant ainsi, Marie s'é-
lança à la fenêtre de sa petite chambre ;
elle l'ouvrit, et, à travers les rameaux
flexibles du chèvrefeuille, du jasmin et de
la clématite qui l'entouraient de leurs
suaves émanations, elle jeta un regard sur
la perspective qui s'offrait à elle à demi
voilée par la lueur indécise de l'aurore. A
ses pieds se déroulait une vallée riche de
parfums, de fleurs et de fruits, où les
yeux se reportaient tour à tour, et sur le
grenadier aux fleurs de pourpre, et sur
l'olivier à la pâle verdure, et sur l'oran-
ger dont la tête blanchie de fleurs et
dorée de fruits renvoyait des nuages de
feuilles à chaque souffle du vent. Puis la
jeune fille vit avec admiration les coteaux
boisés qui bornaient la vallée, et derrière
lesquels la lune s'abîmait lentement en
jetant, encore sur leur sommet quelques
lueurs douces et mélancoliques, tandis

que, dans lo fond du tableau, se présentaient, enveloppées par la brume du matin, les Alpes avec leurs sommets de glace scintillante déjà sous les premiers feux du jour.

— N'est-ce pas que c'est bien beau? dit Laure.

— Oh! oui. Jamais je n'avais éprouvé une pareille impression.

Et en disant ces mots, Marie avait les yeux humides ; sa jeune sœur la comprit, et il se fit un silence entre les deux jeunes filles. Dieu est bien bon aussi, reprit Marie ; et, après lui, l'être qui nous représente sa bonté, c'est notre mère.

— Oh! merci, mon Dieu, de nous avoir donné une aussi bonne mère ! dirent les deux jeunes filles. Oh! ne la rappelez jamais à vous.

— Chères enfants! dit avec l'expression du bonheur madame d'Ervel qui entrait en ce moment, et qui avait entendu les vœux naïfs de ses enfants.

Elles coururent se jeter dans ses bras.

Bien, Laure, bien, Marie, dit madame d'Ervel. Apprenez à voir dans la nature la clémence, la bonté et la force du Seigneur. Tu as raison, Laure, Dieu est bien grand. C'est surtout dans ces moments où tout est calme, où la nuit s'enfuit devant le jour, que l'homme vient à sentir la présence du Seigneur en ses œuvres. C'est alors que les fleurs entr'ouvrant leur charmante corolle, semblent en faire hommage à l'Éternel ; c'est alors que les premiers accents de l'oiseau perché sur son nid s'élèvent vers le ciel comme un chant de reconnaissance et d'amour. C'est alors que nous, pauvres créatures, nous nous agenouillons, nous frappons notre poitrine, nous nous humilions devant celui qui a tout fait et par qui tout existe.

C'est lors que l'enfant dans son berceau trouve une pensée d'espérance pour son Dieu, et que le vieillard près de sa tombe en a une aussi, mais de résignation et de gratitude.

Et la seconde pensée d'un enfant, dit Marie, ne doit-elle pas être pour sa mère, pour son père, qui sont pour lui sur la terre ce qu'est Dieu dans le ciel?

Un baiser répondit à la demande de la jeune fille. Madame d'Ervel sortit avec ses enfants.

Venez, leur dit-elle, allons parcourir cette belle campagne et visiter ces lieux qui me rappellent les douces scènes de mon enfance.

Quelques instants après, les deux jeunes filles et leur mère se trouvaient dans la fraîche vallée. On était vers le milieu de l'été, au moment où les fleurs se montrent à côté des fruits; le jour était plus avancé alors, l'air moins vaporeux, et le

brouillard se déchirait devant les premiers rayons du chaud soleil de nos
provinces méridionales. Avant, on eût dit
une scène qui se passait derrière une
gaze légère; maintenant les Alpes appa-
raissaient avec leur beauté sublime, leurs
pics élancés vers le ciel, leurs blocs de
rochers, noirs de vétusté, et près de se
précipiter dans l'abîme avec leurs torrents, roulant de précipices en précipices, et resplendissant de tous les feux du
soleil naissant, avec leur base couverte
de verdure et de joyeux arbrisseaux. Et
tandis qu'un petit ruisseau sortant d'un
antre de neige bondissait avec fracas sur
les pointes des rochers pour aller retrouver son lit étroit à moitié caché par
des peupliers et des saules, le Var sor-
tait paisible d'abord comme un mince filet
d'eau; puis, s'agrandissant progressive-
ment, il semblait entourer de sa longue
ceinture d'argent cette végétation toute
éclatante de fleurs.

Aquarium.

Les deux jeunes filles étaient restées
dans la contemplation, mais leurs regards
se portaient plutôt sur la riante vallée
que sur la montagne, car il y avait dans
l'aspect de ces monts hérissés de rochers
et de glaçons éternels quelque chose de
sévère qui ne s'alliait pas bien avec la
douceur des deux enfants. Madame d'Ervel s'en aperçut ; elle s'assit sur un banc
de verdure abrité par des buissons de
roses et d'églantine, et recouvert par la
liane sarmenteuse du lierre. Ses deux
filles se mirent à genoux devant elle sur
un gazon touffu d'où s'exhalait le doux
parfum de la violette, et où se balançait
la tige délicate de l'héliotrope.

— Eh bien! Laure, dit-elle, comment
trouves-tu ces montagnes que tu m'avais
entendue regretter si souvent.

LAURE.

Maman, c'est bien beau ; mais moi, je
préfère cette belle prairie, cette rivière

qui l'arrose, ces arbres couverts de fleurs, cette nature telle qu'elle est autour de nous ; mais, vois, mère, ces noirs sapins qui croissent entre les roches nues et qui montrent encore rarement leur sombre verdure.

MARIE.

Et puis ces énormes rochers qui semblent près de tomber dans ces horribles précipices.

MADAME D'ERVEL.

Oui, mes enfants. Eh bien! dans ces rochers qui paraissent à l'œil n'avoir qu'un effort à faire pour tomber avec fracas dans le gouffre, on reconnaît le doigt de Dieu : c'est lui qui les retient ainsi suspendus, comme gage de sa force et de sa bonté. Depuis que ce rocher s'est détaché de la masse, des hommes ont passé, des générations se sont succédées, des siècles se sont écoulés ; le rocher est

toujours là, et souvent, sur le plateau
qu'il abrite, se trouve ou la pauvre chaumière du chevrier, ou la rustique cha-
pelle dédiée à Notre-Dame de Bon-Se-
cours. Mais vous avez raison, mes enfants,
il y a plus de sympathie entre vous et
cette nature douce et riante qu'entre ces
monts et ces murailles de roches que l'œil
ose à peine mesurer.

LAURE.

Oh ! oui ; et plus je réfléchis en regar-
dant ces arbres en fleurs, plus il me semble que Dieu s'est montré particulière-
ment bon dans le règne végétal.

MADAME D'ERVEL.

Mes enfants, la bonté de Dieu éclate dans
toutes ses œuvres, depuis la moindre pierre que notre pied foule sans attention jusqu'à la mine d'or qui se cache dans le
sein de la terre ; depuis le moindre brin
d'herbe qui croit ignoré jusqu'au cèdre

dont les derniers rameaux se perdent
dans les nuages ; depuis le moindre insecte qui se cache dans la verdure jusqu'à l'aigle dont le vol rapide fend les airs.
Dieu est partout : sur toutes ses œuvres il
a écrit son nom, et l'homme religieux
sait l'y reconnaître. Chaque arbre lui doit
sa brillante parure, ou sa forme élégante,
ou ses fruits exquis, et chacun de ses
dons est un bienfait pour l'homme civi-
lisé.

C'est pour lui que Dieu a donné au
peuplier une taille élancée, au chêne une
vie séculaire, des rameaux innombrables,
un aspect majestueux ; au cannelier une
écorce odorante et délicate ; au caout-
chouc une résine élastique, souple, im-
perméable ; au miraca des baies d'émeraude enduites de cire. C'est lui qui fait
couler du tronc du mimosa une gomme
délicieuse, de celui du palmier un vin
agréable. C'est lui qui a couronné le superbe cocotier de larges feuilles et de

grappes de noix, qui a attaché au cale-
bassier ses vastes courges changées en
vases naturels ; qui a donné tant de diversités au palmier, depuis le sagoutier
dont la moelle devient une pâte nourris-
sante et légère, jusqu'au palmiste dont le
sommet se termine par cet amas de feuilles si tendres, si délicates, que l'arbre
entier est sacrifié à sa possession ; depuis
le palmier nain, aux fruits ovales, aux
feuilles épineuses, jusqu'au latanier à la
moelle filandreuse, au feuillage gracieusement disposé en éventail; depuis le
papyracée, ainsi nommé parce qu'au
moyen d'un stylet l'homme peut s'en
servir pour reproduire ses pensées, jusqu'au palmier-dattier, cet arbre à taille
svelte, à l'écorce écailleuse, au fruit succulent, qui se balance dans les airs comme
une colonne verdoyante. C'est lui qui a
semé les rochers des îles méridionales de
plantes si utiles, si variées, aux brillantes couleurs, aux formes charmantes et
diversifiées, depuis le karatas dont la

moelle spongieuse remplace l'amadou,
dont les feuilles creusées en forme de
coupes, conservant l'eau de pluie, semblent mises là exprès sous ce soleil brûlant comme une autre manne du Ciel pour
soulager et désaltérer le voyageur égaré,
le triste naufragé, jusqu'au figuier de
l'Inde dont le fruit nourrit la précieuse co-
chenille, dont le feuillage redoutable peut
servir de sauveur, de gardien à l'homme
seul et isolé; depuis l'érica ou bruyère-
arbre jusqu'à la serpentine grimpante, au
superbe cierge épineux cachant les roches
nues sous leurs grappes de fleurs, sous
leurs touffes de feuilles.

C'est pour lui que l'olivier abandonne
son fruit qui bientôt se change en une
huile douce et suave; que le cacaoyer
cède son amande savoureuse; que le
tabac renonce à étaler dans les parterres
ses fleurs purpurines pour lui donner sa
feuille, remède contre l'ennui, ressource
du malheur et de la vieillesse. C'est pour

l'ornement de ses habitations que Dieu a dit au mahogon immense de croître et de livrer à l'homme son bois impénétrable, qui bientôt, se changeant en plaques éclatantes, vient s'adapter sur ses meubles élégants. C'est encore pour lui que le palissandre, aux reflets violets, cède son tronc odorant comme la fleur dont il possède les modestes couleurs. C'est pour l'ornement de sa table que la pêche, au duvet d'or et de pourpre, croît à côté de la prune veloutée de bleu. C'est pour lui que la vigne suspend à sa tige sarmenteuse sa grappe dorée et noirâtre, tandis que le groseiller et le framboisier se groupent en bouquets et offrent à l'œil, l'un ses grains transparents, l'autre son fruit parfumé; et que l'humble fraisier, campant à côté des pensées, des violettes et des narcisses, présente à la fois ses fruits rosés et ses fleurs de neige.

LAURE.

Maman, comment donc divise-t-on le règne végétal?

MADAME D'ERVEL.

Ma fille, le règne végétal se divise en une infinité de familles que je ne saurais vous énumerer. Je vous dirai seulement qu'on les distingue principalement en plantes, arbustes et arbres, qui en sont pour ainsi dire les géants. Parmi les premières, on remarque d'abord les plantes alimentaires, telles que le froment, le seigle, l'avoine, le maïs, le riz; puis les plantes textiles, qui servent à vêtir l'homme.

MARIE.

Comment donc, maman, les hommes se vêtissent avec des plantes?

MADAME D'ERVEL.

Oui, mon enfant; ces belles dentelles,

ces beaux mouchoirs de batiste que tu admirais encore hier, viennent d'une petite herbe qui s'élève à peine au-dessus du sol, et dont les fleurs azurées embellissent la campagne. C'est le lin que je pourrai te montrer dans une de nos excursions matinales. Il y a encore le chanvre ; mais la France en a peu favorisé la culture, et c'est à la Russie qu'appartient le plus spécialement cette plante, qui, du reste, ne s'emploie que pour la grosse toile de navire. Puis enfin il y en a une troisième, le cotonnier, charmant arbuste, couvert de fleurs jaunes ou rouges, qui paraissent en été, puis font place à sa coque soyeuse, et c'est elle qui, livrée à l'industrie apparaît ensuite sous le nom de calicot, de percale, de toiles peintes, de mousseline. Vous voyez, mes enfants, que Dieu n'a rien oublié dans ses dons ; et il y a mis le comble en donnant à l'homme l'intelligence qui lui aide à découvrir. Puis viennent les plantes saccharifères, d'où l'on extrait le sucre ;

il y en a deux principales : la canne à
sucre qui élève majestueusement ses hautes tiges surmontées d'une flèche, qui
elle-même se termine par une aigrette
gracieuse, tandis que sa rivale, l'humble
betterave, sillonne nos champs de France
et se trouve pour ainsi dire méprisée.
Enfin, après ces plantes se classent celles
qui servent à la teinture, telles que la
garance, qui produit une si belle couleur
de pourpre ; l'indigotier et le pastel que
vous rencontrez à chaque instant sous vos
pas ; puis le safran avec lequel vous avez
vu Marguerite colorer ses crèmes exqui-
ses et ses gâteaux dorés ; c'est ncore
avec la belle couleur jaune du safran que
se teignent la laine et la soie. Voilà pour
les plantes. Quant aux arbres, je vous
en ai déjà parlé ; je vous ai cité le mahogon, que nous nommons acajou dans
nos contrées. J'ai oublié de vous parler
du caféier, cet élégant arbrisseau dont la
graine odorante fut chantée tour à tour
par Delille et Voltaire.

MARIE.

Maman, où donc croît le café.

MADAME D'ERVEL.

Il est originaire de l'Arabie ; mais un
Français, nommé Délieux, parvint, en
1660, à en transporter un pied à la Mar-
tinique : ce fut lui qui devint la source
des plantations que l'Amérique possède
aujourd'hui. Enfin le thé, dont la feuille
stimulante est si chère aux Chinois, et le
cacaoyer qui produit le chocolat devenu
si indispensable aux Espagnols...

En ce moment Marguerite vint annon-
cer à madame d'Ervel que le déjeuner
était servi. Les deux filles et leur mère
s'acheminèrent vers la maison ; mais ce
ne fut pas sans avoir obtenu la promesse
de revenir sur cet entretien, pour ce qui
regarde les autres règnes. Les leçons sur
la nature et la religion sont si douces dans
la bouche d'une mère !

Règne minéral.

Le lendemain, à la même heure, Laure
et Marie étaient avec leur mère dans le
joli berceau de la vallée; et tandis qu'une
alouette, élancée dans les airs, saluait le
beau ciel de la Provence par ses accents
joyeux, un pinson gazouillait vivement,
perché sur un buisson d'aubépine. Marie
tenait une broderie, Laure des crayons,
et elle s'occupait à retracer sur son album

un bouquet de fleurs et de fruits sauvages qu'elle avait posé sur les genoux de
sa mère.

LAURE.

Eh bien ! maman, voici une branche de
mûrier dessinée, mes bluets esquissés, et
je pense en ce moment à la promesse
que tu nous a faite hier, et que tu tar-
des bien à remplir.

MARIE.

Oh ! oui bonne mère, je suis si impa-
tiente de connaître tout ce que Dieu a fait
pour nous ! Je l'aimerai davantage. Tiens,
hier je l'ai prié avec tant de ferveur ! il
me semblait que mon cœur n'était pas
assez vaste pour l'aimer ; je pensais à ces
fleurs que j'ai tant de plaisir à tresser en
guirlandes : à ces arbres dont les fruits
sont si beaux, à ces plantes si modestes
et si utiles, et je disais que j'étais bien
ingrate envers le Seigneur ; moi qui jus-

qu'à ce jour avais joui de ses dons sans
penser à l'en remercier.

MADAME D'ERVEL.

Revenons à notre entretien. Vous disiez
donc hier que le Seigneur paraissait avoir
départi plus spécialement ses faveurs au
règne végétal, et cela parce que ces fleurs
aux balsamiques parfums et aux belles
couleurs ont quelque chose qui parle à
votre âme. Eh bien ! moi, je vous dirai que
Dieu s'est montré aussi grand dans le
règne minéral, dans cette nature morte,
inerte, pesante. Elle ne plaît pas à l'œil,
mais lorsqu'on la considère attentivement, on ne peut s'empêcher de reconnaître la prévoyance infinie de l'Auteur
suprême. Voyez, mes enfants, s'il n'est
pas sublime que, sous des masses de
rocher. Dieu ait déposé ces immenses
blocs de minéraux qui, livrés ensuite à
la main de l'homme, prennent des formes
si élégantes et si variées ! Voyez, pendant

que le fer, ce métal indispensable, se ré-
pand dans toutes les contrées avec abondance, l'or, aux reflets lumineux, devient
rare par cela même qu'il est inutile.

MARIE.

Pourquoi donc, maman? l'or est si
beau, si éclatant! il me semble que s'il
n'était pas si rare ce ne serait pas du tout
un mal : le fer est d'une si laide couleur; c'est si commun !

MADAME D'ERVEL.

Enfant, c'est justement dans cette ré-
partition que nous devons admirer le
Créateur. Comment l'or aurait-il remplacé le fer dans le soc dont le laborieux
cultivateur déchire le sol? qui aurait
dirigé le marin perdu au milieu de l'O-
céan? Et toi-même, en supposant qu'il n'y
eût pas de fer, tu aurais été privée de tes
aiguilles Laure de ses crayons; ce joli

panier à ouvrage ne serait point ainsi orné de pointes d'acier.

LAURE.

Comment donc, mère, l'acier ne serait que du fer? Mais vois donc, on dirait des diamants, tant ces pointes sont brillantes !

MADAME D'ERVEL

Des diamants, mais les diamants eux-mêmes ont une origine bien obscure : le charbon, lorsqu'on en fait évaporer le gaze hydrogène, prend le nom de coke; et si alors on pouvait le délivrer des matières impures qui le constituent, on aurait des diamants.

LAURE.

Vraiment! oh! cela est encore plus incroyable. Ces belles pierres qui jettent un éclat si vif ne seraient qu'un peu de ce charbon, si noir et si sale?

Aquarium. 8

MADAME D'ERVEL.

Ma fille, il en est de même ici que pour l'or et le fer, et il en faut rendre encore grâces à Dieu, car la houile est bien préférable au diamant. En effet, c'est à elle que nous sommes redevables, non-seulement de ces bijoux ornés avec tant de goût, et auxquels on attache tant de prix à votre âge, mais encore de tant d'objets indispensables dans la vie privée, dans l'agriculture. Sans la houile, qui seule peut fondre les métaux, il faudrait renoncer à employer aucun minéral. Rien que la privation du fer seule : point d'armes, point d'instruments de labourage ; l'industrie serait éteinte, nos habitations seraient privées de toute aisance, de tout embellissement. Il faudrait renoncer à ces porcelaines élégantes qui ornent nos tables, à ces vases communs où se cuisent les aliments, à ces cristaux transparents. Nous serions encore plus éloi-

gnés de la civilisation que les peuples
du moyen-âge, qui, fermaient leurs croisées avec un petit rideau de serge ou un
papier huilé; qui mangeaient dans des
assiettes de pâte, s'éclairaient avec des
rameaux de bois résineux, et se faisaient
passer l'unique cruchette servant à tous
les convives. Nous reviendrions à ces temps
où le plancher, construit en paille, deve-
nait la couche de toute la famille, entas-
sée pêle-mêle autour du foyer qui, placé
au milieu de la cuisine, était recouvert
d'un large plateau de fer dès que la cloche du couvre-feu se faisait entendre.

LAURE.

Pourquoi donc sonnait-on cette cloche?

MADAME D'ERVEL.

C'était dans l'intention d'éviter les in-
cendies, comme je vous l'ai déjà dit; les
planchers, même à la cour, étaient faits

en paille ; les maisons en bois ; et les rues si étroites qu'on aurait pu se donner la main d'une fenêtre à l'autre. Mais tout ceci nous a éloignés de notre but. Revenons à la houille, dont la chaleur sert à fondre les métaux, qui, devenus ainsi liquides, prennent toutes les formes que l'industrie a bien voulu leur donner.

MARIE.

Maman, ne disais-tu pas que sans la houille nous n'aurions ni verres ni cristaux ? Y aurait-il des mines de verre ?

MADAME D'ERVEL.

Non, mon enfant, le verre ne se trouve pas dans la nature tel que nous le possédons ; ainsi il n'a ni sa parfaite transparence, ni sa limpidité, et il tire son origine d'un corps bien commun, le sable, que chaque jour vous foulez aux pieds, sans songer aux services qu'il vous rend. Les anciens croyaient le sable infusible, mais plus tard on réussit à vaincre cette difficulté en y ajoutant un peu de sel.

LAURE.

Et le sel, maman, où donc se trouve-t-il?

MADAME D'ERVEL.

Mon enfant, il est dans la nature sous deux formes différentes : dans les eaux dites salifères, où il n'est pas visible, et d'où l'homme le retire au moyen de l'évaporation; puis dans les mines. La France possède beaucoup de sources salifères, entre autres celle de Castellane, qui fait tourner un moulin, tandis que c'est dans le département de la Meurthe que se trouve son unique mine de sel gemme. Une dame de mes amies, qui a voyagé en Allemagne, m'a parlé avec admiration d'une mine de sel gemme creusée au pied des Karpathes. On y a formé avec le sel des colonnes, des chapelles, des galeries;

et lorsque ces singuliers monuments sont vus avec une lumière, on croirait être transporté dans un palais de fées : les murs deviennent étincelants comme des pierres précieuses ; partout l'œil rencontre l'éclatante opale et l'émeraude veloutée, le rubis de pourpre ou la turquoise d'azur ; et les yeux, fatigués de tant de beautés, se ferment involontairement.

MARIE.

Cette mine doit être bien jolie vue ainsi. Mais tu ne nous as pas dit encore de quelle manière se forment les pierres précieuses.

MADAME D'ERVEL.

C'est l'alumine, mon enfant, qui constitue le grenat, la turquoise, le saphir, l'émeraude, l'opale, la spinela ; mais ce ne sont point ces brillantes futilités qui intéressent dans ce minéral. C'est à l'alumine que l'homme doit d'abord l'émeri, puis l'argile, ou terre glaise. L'argile, ce corps inappréciable, qui se durcissant à la flamme de nos foyers, se change tour à tour en briques, et vient ainsi défendre nos habitations des injures de l'air ; en faïence commune, ressource de la table frugale du pauvre ; en porcelaine, ornement de celle du riche.

LAURE.

Comment ! la porcelaine si blanche, si nette, a quelque rapport avec cette grossière poterie bigarée de mille couleurs ?

MADAME D'ERVEL.

La différence existe d'abord dans la qualité de l'argile, puis dans celle du vernis dont on la recouvre. La poterie ne reçoit pour apprêt que des couleurs métalliques, tandis que la porcelaine et la faïence sont recouvertes d'un émail, plus cher sans doute, mais dont l'emploi ne présente aucun danger. Ce fut vers le seizième siècle que l'art de vernisser fut inventé par Bernard Palissy, que ses essais généreux faillirent plonger dans la misère.

LAURE.

Mère, n'est-ce pas lui que nous avons vu dans un tableau à la dernière exposition du Louvre, quelques jours avant notre départ?

MADAME D'ERVEL.

C'est lui-même : l'artiste l'a représenté au moment où, privé de toutes ressources, il n'a plus d'espérance que dans une dernière cuisson avec laquelle doivent, ou s'abîmer toute sa fortune, se perdre le fruit de ses veilles, disparaître tous ses sacrifices, ou bien avec laquelle il doit voir le rêve de son génie réalisé, son nom proclamé avec gloire et transmis à la postérité reconnaissante. Vous avez admiré avec quel art le peintre a fait ressortir la

crainte et l'espérance sur son visage pâle
et altéré

LAURE.

Oh ! oui ; sa figure était pleine d'expression. Qu'il est beau d'avoir un talent
pareil !

MADAME D'ERVEL.

Eh bien ! c'est pourtant encore au règne
minéral que l'artiste emprunte les couleurs avec lesquelles il rend une toile
insensible toute palpitante d'intérêt ;
tandis que le cuivre lui donne des couleurs vertes, le plomb lui offre le blanc de
céruse et le mercure devient tour à tour
noir rougeâtre ou vermillon, tandis que
l'alumine lui abandonne la jolie couleur
d'outre-mer. C'est par elles que Raphaël,
le grand Raphaël, fit revivre sous ces pinceaux l'Homme-Dieu et la vierge des
Douleurs. C'est par le règne minéral que
les Rembranut, les Carache, les David,
léguèrent aux futures générations leurs

noms à honorer et leurs chefs-d'œuvre à admirer. Sans lui, le ciseau de Phidias, et plus tard celui de Michel-Ange, n'auraient pas animé le marbre insensible et l'albâtre de neige ; sans lui le pilote ne s'abandonnerait pas avec confiance à cette mer trompeuse ; sans lui un monde ignoré fût resté dans l'oubli, et les siècles nouveaux ne connaîtraient pas même le nom glorieux de l'aventurier Colomb.

En disant ces mots, madame d'Ervel se leva, ses enfants la suivirent, et l'on remit la suite de l'entretien au jour suivant.

Régne animal.

Un jour s'écoula pendant lequel il fu'
impossible de se réunir dans la vallée. Le
lendemain avait été une grande fête, l'As-
somption jour d'allégresse et de prières
dans ces lieux où l'homme a conservé la
simplicité, les mœurs et la religion de
de ses pères. Madame d'Ervel et sa fille
s'étaient dirigées vers la petite église du
hameau : elle aussi avait paré de fleurs et
de gerbes naissantes la rustique statue de

la madone. Leurs voix s'étaient mêlées à
celles des jeunes villageoises. Elles avaient
suivi la blanche bannière de Marie au
milieu des montagnes, et assisté le soir
aux danses du pays.

Et le lendemain, malgré la fatigue de
la veille, Laure et Marie couraient légèrement dans la vallée, et chaque fois
qu'elles effleuraient le gazon, la goutte
de la rosée, stincillante comme une perle,
et suspendue à chaque brin d'herbe, re-
tombait sur le sol. Les deux jeunes filles
s'étaient armées d'un réseau de gaze avec
lequel elles poursuivaient gaiement les
papillons aux ailes bizarres; et tandis
que Marie, à peine dans sa douzième
année, vive et étourdie comme on l'est à
son âge, laissait échapper sa volage proie,
Laure, plus grande et plus réfléchie, s'a-
vançait sur la pointe du pied, et, le cou
tendu, le filet arrondi au vent, attendait
au passage l'objet des désirs. L'insecte
brillant ne tarda pas à venir se poser sur

une jeune rose au pâle incarnat, et,
tandis qu'il savourait à longs traits le
calice odorant, le réseau retomba sur lui
et l'entoura de ses nombreux replis. —
Marie, Marie, viens donc, je l'ai pris !
Vois donc comme il est beau, regarde
comme d'un côté ses ailes sont argentées
et entourées de gracieuses dentelures,
tandis que de l'autre elles sont parsemées
de points noirs ou dorés qui ressortent si
bien sur ce fond d'azur.

MARIE.

Oh! il est bien joli! Comment donc
as-tu fait, Laure ? Laisse-le-moi voir
encore, le toucher un instant; ses ailes
doivent être si douces ! oh ! je ne l'abî-
merai pas, ne crains rien.

Et en disant ces mots, la petite étourdie souleva le réseau : le papillon joyeux
s'enfuit, se posa d'abord sur la grappe
jaunissante d'un ébénier, puis sur une

simple marguerite, s'éleva dans les airs et disparut derrière le coteau.

— Quel malheur! dit Laure.

— De quel événement es-tu donc si si affligée? demanda madame d'Ervel qui rejoignait ses enfants, et qui avait entendu l'exclamation de Laure.

LAURE.

Oh! mère! ce n'est qu'un papillon; mais il était si joli, si gracieux! Marie l'a laissé partir : moi aussi, je lui aurais bien rendu sa liberté; mais au moins je voulais le considérer encore une fois; il s'est envolé!

MARIE.

Dieu était bien bon, mère, lorsqu'il fit les papillons; mais on ne peut jamais les attraper; vois, j'ai le front tout humide d'avoir couru, et pourtant ils m'ont sans cesse échappé.

MADAME D'ERVEL.

Et tu aurais désiré sans doute que Dieu
eût consenti à ce que le papillon attendît
patiemment que des enfants, qui ont
pourtant un bon cœur, vinssent le mar-
tyriser, lui ravir ses fleurs, sa beauté, sa
liberté?

MARIE.

Oh! non, mère, je l'aurais pris bien
doucement, je l'eusse déposé sur une couche de feuilles de roses, dans ma jolie
boîte de cristal, et je l'aurais laissé dans
le jardin. Là il eût vu les fleurs, les
arbres, le ciel; il aurait été bien heureux, et moi j'aurais pu le regarder bien
longtemps.

MADAME D'ERVEL.

Oui, mais le pauvre papillon aurait
regretté ses champs, ses buissons, cet
espace de l'air où rien ne gênait ses
courses tournoyantes; il se serait débattu

de désespoir contre les murs de sa pri-
son transparente, et ses ailes flétries
auraient perdu bientôt cette poussière
diaprée qui charme les regards.

Crois-moi, Marie, abandonne ton filet;
viens t'asseoir à mes côtés ainsi que
Laure et laisse voltiger paisiblement ces
pauvres insectes dont la vie est si courte,
le repos si souvent troublé.

MARIE.

Très volontiers, chère maman, surtout
si tu veux bien terminer ton récit. Le
règne animal reste encore, et selon moi
il ne doit pas être sans intérêt.

MADAME D'ERVEL.

C'est du moins celui qui sympathise le
plus avec l'homme. En effet, le règne
minéral ne lui offre que des masses in-
sensibles dont la vue ne réveille en son
âme aucune douce émotion : le règne
végétal se présente à lui avec ses fleurs,

ses parfums ; et, en le voyant, son cœur
reconnaissant s'élève vers le Créateur ; il
le remercie d'avoir ainsi rendu la terre
belle et riante. C'est avec délices qu'il se
repose sous les frais ombrages, qu'il en-
tend murmurer les eaux limpides, qu'il
voit croître ses fleurs et mûrir ses fruits ;
mais tout cela ne suffit point à l'homme
solitaire ; il lui manque un être qui, sans
avoir sa raison, ait un cœur aimant pour
répondre à ses soins, un regard pour
comprendre sa joie ou sa douleur : cet
être, le règne animal seul peut le lui
donner. Voyez, mes enfants, jetez avec
moi un regard sur cette terre où se meuvent
tant d'êtres différents. Quelle variété, quel
luxe de parure, de formes diverses. Combien Dieu s'est montré généreux ! Trans-
portez-vous dans ces lieux où se balance
la cime verdoyante du palmier, et où
s'étendent les rejetons innombrables du
manglier; voyez, tandis que ces lions au
port majestueux, à la flottante crinière,
ces tigres au regard menaçant, fuient

devant l'intrépide chasseur ou mesurent
leur force avec la sienne, le chameau
docile, fléchissant devant son maître l'A-
rabe voyageur, s'associe à sa longue cara-
vane, et partage avec lui jusqu'à la mort
ou le sable brûlant et l'ardent soleil du
désert, ou l'ombrage protecteur et l'onde
fraîche de l'oasis. Là, voyez le cheval à
l'œil de feu frémir sous le poids de son
cavalier en entendant des sons de guerre;
plus loin, l'âne pacifique remontant avec
le paisible laboureur le sentier qui con-
duit au village, ses paniers vides maintenant des fleurs printanières et des fruits
de l'automne. Là, le bœuf traçant un pénible sillon et ouvrant à l'homme civi-
lisé une source immense de richesses.
Ici, la svelte gazelle à l'œil vif et noir
comme la nuit se contemplant dans une
fontaine ou arpentant avec agilité la
savane sans bornes. En remontant vers
le Nord, le renne, l'animal des glaces,
seul espoir du pauvre Lapon, tandis qu'un
peu plus loin se présente la zibeline à la

riche fourrure, la zibeline dont la robe
chatoyante est noire comme l'ébène durant
les tardives journées d'été, et blanche
comme la neige où elle reste accroupie
pendant les mois d'hiver.

LAURE.

Comment ! la zibeline change ainsi de
couleur?

MADAME D'ERVEL.

Oui, mon enfant; le Seigneur l'a permis ainsi afin de prolonger l'existence de
ce pauvre animal qui n'a d'autre crime
que sa beauté. Si elle eût conservé sa
robe noire, les regards l'auraient rencon-
trée sans peine sur l'immense tapis de
neige qui couvre alors la terre, tandis
que, de cette manière, il se confond avec
sa demeure et échappe à l'avidité du
chasseur. Mais quittons la zone glaciale
et redescendons dans nos climats tem-
pérés. Là, dans de vertes prairies, voyez
des agneaux à la toison de neige, des bre-

bis à la voix plaintive fuyant devant le
chien du berger. Le chien ! partout son
meilleur ami : depuis le chien de Terre-
Neuve, qui le ravit aux ondes, jusqu'au
chien du mont Saint-Bernard, qui va le
chercher au milieu des glaces, des neiges,
des précipices, depuis le chien de chasse qui
s'élance dans les taillis, poursuivant un
lièvre fugitif, jusqu'au chien de Kamts-
chadale, ce chien, son unique ressource,
qui l'emporte avec rapidité sur la neige
épaisse, ce chien qui le réchauffe pendant
les longues nuits du bivouac, qui même,
après sa mort, lui laisse sa chair pour
nourriture, sa peau pour vêtement ; enfin depuis le charmant épagneul qui
jappe dans nos salons, jusqu'au barbet
du pauvre aveugle ! Je vous parlerai bien
encore de la tendresse maternelle du
sarigue, de la souplesse du chat, de l'im-
pétuosité du taureau, de la pétulance de
l'écureuil, de la malice du sapajou ; mais
passons aux oiseaux, à ces êtres char-

mants aux brillantes couleurs, aux formes gigantesques ou presque impercepti-
bles, à la voix enchanteresse ! Là encore
s'ouvre une immense carrière pour l'homme religieux ; et, en effet, comment ana-
lyser tant de diversités, depuis le condor,
dont les ailes étendues obscurcissent
l'air, jusqu'à l'oiseau-mouche, fleur qui
voltige et se pose sur les autres fleurs ;
depuis l'aigle, qui remonte vers son aire
en emportant un faible agneau, jusqu'au
timide passereau qui rapporte dans son
nid quelques grains échappés aux gla-
neurs ; depuis la gélinote du Canada dont
le cou est orné d'une fraise d'écarlate,
jusqu'au loxia, ce charmant oiseau qui
vit en colonie et offre aux hommes l'exemple de la bonne intelligence, de la con-
corde ; depuis le pingouin au naturel indo-
lent, à l'aile pendante, jusqu'au flamant
au plumage pourpre. Là, tandis que le
hibou se cache dans les ruines et trouble
le silence des nuits par ses cris rauques
et redoublés, le gai pinson et la gentille

fauvette s'éveillent avec l'aurore et annon-
cent par leurs chants joyeux au pauvre
laboureur que pour lui encore commence
une journée de travail, de paix et de
bonheur, pendant que le perroquet au
riche plumage, posé sur un perchoir
d'acajou, siffle ou imite le langage des
hommes. Dès que la nuit tombe et que
les rayons de la lune viennent s'étendre
sur la clairière d'une forêt où dorment les
eaux tranquilles d'un lac bleu, le rossignol s'avance sur le bord de son nid. Il
prélude : tout se tait, la nature l'écoute.
Dieu! que ces sons d'abord sont doux,
puis sonores! Quels accords brillants!
quelles touchantes inflexions! On dirait
que ce timide oiseau a voulu ravir aux
hommes sa mélodie suave et harmo-
nieuse; il a pris le moment où Dieu seul
peut l'entendre : c'est un chant séraphi-
que qui s'adresse tout à l'Eternel, et qui,
au milieu du silence et de la solitude,
s'élance plus pur vers le ciel.

LAURE

Mère, je voudrais bien avoir un rossignol.

MARIE.

Moi aussi; mais pourtant je me le figure tout blanc, avec un collier rose et une aigrette dorée : un oiseau qui chante si bien ne peut être que fort joli.

MADAME D'ERVEL.

Vous vous trompez, mon enfant ; Dieu n'a pas voulu réunir tous ses dons sur la tête du même animal : à chacun il a fait un présent particulier ; et, tandis que le paon étale aux regards son aigrette royale et sa queue aux reflets éclatants, le rossignol cache son modeste plumage grisbrun, ses longs pieds et son bec allongé.

MARIE.

Et les papillons, chère maman, ne nous en parleras-tu point?

MADAME D'ERVEL.

Volontiers ; les papillons sont classés
dans une autre famille, dans celle des
insectes. Là, tout est gracieux, invisible
même, et l'admiration s'arrête tour à tour
sur la rose où l'abeille puise son miel, et
sur le vase de lait où se perd la mouche
d'ébène, et sur le tronc d'arbre où l'ac-
tive fourmi a placé ses greniers d'hiver ;
sur la touffe de chèvrefeuille envahie par
un peuple d'éphémères, qui le matin y
est né, qui le soir y doit mourir, et sur
le bouquet de seringat où la demoiselle
déploie ses ailes de gaze. Puis lorsque le
microscope vient nous prêter son secours,
quelle infinité d'êtres nouveaux, invisibles tels que les atômes qui volent dans
les airs : ils échappent à notre faible vue,
et pourtant Dieu les a pourvus d'organes
aussi parfaits que le sont les nôtres. Oh !
mes enfants, l'homme est ici forcé de reconnaître son impuissance, sa faiblesse

devant celui qui a bien fait tout ce qu'il
a fait, et qui n'a rien oublié, depuis l'infiniment grand jusqu'à l'infiniment petit.
Celui qui a aussi peuplé l'Océan de tant
d'êtres divers, depuis la baleine qui apparaît sur la surface des mers comme une
île mouvante, jusqu'au poisson argenté
qui glisse inaperçu entre la mousse et les
cailloux; depuis l'huître qui renferme la
perle étincelante, jusqu'à l'ablette aux
écailles de nacre ; depuis le polype
toujours renaissant, jusqu'aux mollusques
lumineux; depuis la tranquille tortue qui
cède à l'homme son bouclier transparent,
jusqu'à l'anguille de Surinam, qui lui
fait éprouver une violente commotion.
Enfants, lorsque l'homme revient sur les
immenses privilèges que le Seigneur lui
a donnés, il s'arrête effrayé des obliga-
tions qu'ils lui imposent. Il cherche dans
son cœur des sentiments d'amour dignes
de la création, et dans son cœur il ne
trouve que misère et qu'indifférence.

— 138 —

LAURE.

L'homme est donc bien ingrat ! Pour moi, il me semble que si je connaissais entièrement toutes les bontés de Dieu, je l'aimerais autant qu'il s'est montré généreux envers moi.

MADAME D'ERVEL.

Ce que tu avances, ma chère Laure est bien difficile à exécuter; je dirai plus, impossible. Dieu est infini ! Il l'est dans sa bonté, dans son essence, dans ses ouvrages; tandis que l'homme, au contraire, pauvre créature ! est borné; il doit mourir, il n'est qu'un peu de poussière que l'Eternel anima d'une étincelle de sa nature divine; et tu veux que cet être misérable rende au Seigneur une reconnaissance égale à ses bienfaits? Non, l'homme ne peut aimer qu'autant que son cœur le lui permet, et Dieu, qui connaît le néant de sa créature, ne rejette pas son ouvrage, quelque faible qu'il soit. Mais puisque c'est pour l'homme qu'il lança la terre dans les airs, qu'il l'entoura d'astres sans nombre, qu'il l'orna de verdure, qu'il creusa les vallons, éleva les montagnes, et dit à la mer de venir expirer sur le rivage, arrêtons-nous et parlons de l'homme, de ce roi de la nature que Dieu mit sur la terre pour remplacer plus tard dans le ciel les anges déchus ; de l'homme, qui, sous son enveloppe mortelle, cache une âme immortelle, une âme qui, un jour, prendra son essor vers le ciel et ira se joindre à l'hosanna éternel.

Parcourons par la pensée les différentes races. Voyez aux deux extrémités des pôles s'agiter ces hommes dont le sort est presque analogue : au nord, le Lapon, le Samoyède à la taille de pygmée ; au sud, les Patagons aux proportions gigantesques ; puis sous la zone torride, d'un côté, le nègre aux dents d'ivoire, au

visage d'ébène ; de l'autre , le Hottentot
aux reflets cuivrés ; et enfin nos deux
zones tempérées, présentant à la fois et
l'Asiatique au teint basané, aux membres
musculeux, et l'Européen au teint blanc,
à la taille élancée, au front pur, dégagé.
Et Dieu, dans sa sagesse immuable , a
voulu empêcher que tous les hommes ne
vinssent se précipiter dans les contrées
qu'il a favorisées d'un climat tempéré,
dans le cœur de chaque créature il a
déposé un instinct, un sentiment. C'est
par lui que le nègre regrette son soleil de
feu et ses sables brûlants ; par lui que
le Lapon chérit son ciel restreint et nua-
geux, ses torrents de glace, ses huttes
enfouies sous le sol, ses plaines de neige
que sillonnent ses traîneaux attelés de
rennes ; par lui encore le montagnard
écossais préfère sa chaumière, ses montagnes arides, ses ifs, ses brouillards
éternels, aux palais de marbre, aux citron-
niers en fleurs, au ciel bleu de la brillante Italie. Ce sentiment qui retient

ainsi l'homme à la terre qui le vit naître,
c'est l'amour de la patrie! l'amour de la
patrie qui doit vivre dans tous les cœurs,
car il est la source de toutes les vertus.
Demandez à l'exilé qui languit sous un
ciel étranger, demandez-lui, enfants, ce
qu'il regrette, il vous dira : « C'était un
toit bien humble, un village presque désert; mais là il y avait une prairie où ma
mère guida mes premiers pas, il y avait
un ruisseau limpide où, enfant, j'aimais
à voir rouler les flots, il y avait une hiron-
delle qui chaque année venait construire
son nid dans le chaume natal; il y avait
une petite église d'où s'élança ma première prière; et derrière le clocher il y
a aujourd'hui une tombe qu'ombrage un
triste saule : c'est celle de ma mère! et
je ne puis pleurer! » Voilà, enfants, ce
que vous dira le pauvre exilé : amour
filial, sentiment religieux, premières sen-
sations de l'enfance vertueuse, voilà
l'amour de la patrie. Oh! nourrissez-le
dans vos cœurs, mes enfants, car celui-là

peut conduire à la véritable patrie de
l'homme, au ciel! Oui, la terre, si belle,
dont je vous ai faiblement tracé la pro-
duction, n'est qu'un exil; c'est une vallée
de pleurs, où chaque homme vient éprouver sa force, vaincre ses passions et s'a-
breuver d'amertume jusqu'au jour où
l'Eternel, traversant l'espace, le rappel-
lera dans son sein. Et pour cela, mes
mes filles, il faut beaucoup prier, car la
prière désarme le Seigneur. Prions donc,
priez, vous surtout, enfants, dont le cœur
est pur et l'encens agréable à l'Eternel.
Priez avez espérance; demandez, et vous
serez exaucés! L'homme-Dieu, lorsqu'il
passa sur la terre, ne disait-il pas à ceux
qui l'entouraient : Laissez venir à moi les
petits enfants, car le royaume des cieux
appartient à ceux qui leur ressemblent.

Des climats.

Les naturalistes ont considéré les êtres qui peuplent la terre comme formant deux grandes divisions du règne organique (1) ou vivant, savoir : la division des végétaux et celle des animaux. Mais les plantes, comme les races animales, ne sont pas disséminées indifféremment et

---

(1) Tous les êtres matériels animés et inanimés sont répartis en deux règnes : l'organique, ou des êtres dont la vie est entretenue par des organes, et l'inorganique, ou des êtres inertes, des minéraux.

au hasard sur le globe, il y a des régions
affectées spécialement à de certains genres
et à de certaines espèces ; ces régions constituent les climats.

Sous le nom de climat physique, on
comprend la chaleur, le froid, la séche-
resse, l'humidité et la salubrité dont jouit
un point quelconque du globe. Le climat
physique reconnaît huit sortes de causes :
1° l'action du soleil sur l'atmosphère ;
2° l'élevation du sol au-dessus du niveau
de l'Océan ; 3° la pente du terrain et son
exposition locale ; 4° la position de ses
montagnes relativement aux points cardi-
naux ; 5° le voisinage des grandes mers
et leur situation relative ; 6° la nature du
sol ; 7° le degré de culture ; 8° la direc-
tion ordinaire des vents. Toutes ces causes, je ne les exposerai pas *ex professo*,
elles rentrent dans le domaine de la géo-
graphie physique ; comme elles varient
prodigieusement pour chaque localité,
elles multiplient considérablement le

nombre des climats. Ainsi l'élévation d'un
plateau sous l'équateur produira un climat presque tempéré, là où il y aurait une
température brûlante si le sol était bas.
Par exemple, sur le plateau des Cordillic-
res, on jouit d'un printemps presque
continuel. Dans une autre zone, une semblable élévation engendrera des neiges et
des glaces perpétuelles : pour preuve, je
citerai nos Pyrénées, aussi élevées que
le plateau de Quito, et couvertes de neiges
sous le ciel de nos départements méri-
dionaux. Le voisinage de la mer adoucit
la température : ainsi les côtes de la Nor-
wège jouissent d'un climat moins rigoureux que celui de Paris. A Brest, le myrte,
le laurier rose et le grenadier vivent en
pleine terre.

Malgré ces variations des climats physi-
ques locaux, on peut diviser le globe en
cinq zones ou grands climats généraux,
séparées par les tropiques et les cercles
polaires. L'équateur coupe en deux par-

ties égales la zone torride ou brûlante,
renfermée entre les deux tropiques du Cancer et du Capricorne. Du tropique du
Cancer au cercle polaire boréal, s'étend
la zone tempérée septentrionale, tandis
que, dans l'hémisphère opposé, la zone
tempérée méridionale se developpe entre
le tropique du Capricorne et le cercle
polaire austral. Les zones glaciales cou-
ronnent les extrémités polaires arctiques
et antarctiques de l'axe de la terre.

Les climats ont exercé l'influence la
plus profonde sur l'organisme des êtres
qui les habitent. Ainsi, dans le climat
chaud et sec du désert africain et des terres qui l'avoisinent, le manque d'eau, le
sel qui imprègne le sol et les sources si
peu nombreuses, la chaleur brûlante, produisent des végétaux durs, petits, à feuilles épaisses, presque sans racines, car la
terre n'a pas de nourriture à leur donner, il faut qu'ils tirent de l'air leurs matériaux nutritifs ; leur racine n'est qu'une

simple griffe qui les attache et les empê-
che d'être le jouet des vents. Les hommes et les animaux, exposés à l'action
permanente de ce climat, restent petits,
grêles, presque sans liquides dans leurs
tissus; mais ils sont tout muscles et tout
tendons; la fibre est sèche et résistante,
le système bilieux est plus développé que
les autres appareils organiques ; le caractère moral et irascible, les passions san-
guinaires et féroces. Le climat chaud,
mais humide, est favorable à la végétation,
il produit d'admirables et gigantesques
végétaux, et les animaux s'y développent
parfaitement, les reptiles surtout, qui
s'y retrouvent presque dans les conditions favorables dù premier âge du globe ;
mais l'air épais, quelquefois pestilentiel,
influe défavorablement sur les facultés
intellectuelles de l'homme.

Le climat froid et sec rend la végétation solide et vivace, mais peu abondante ; il la dépouille des formes gracieuses,

des teintes brillantes, des odeurs suaves
et parfumées du climat chaud et humide.
Répandant la force sur tous les organis-
mes, ce climat engendre également des
animaux et des hommes vigoureux ; il est
favorable au développement de l'intelligence, ainsi que le climat tempéré.

L'action du climat froid et humide sur
l'homme et l'animal, donne de l'ampli-
tude à leurs tissus, rend leur stature
élevée, leurs formes massives, mais amol-
lit la fibre, émousse l'intelligence, ou
donne à l'imagination une teinte mélan-
colique et sombre. Comme il n'y a pas
de climats absolus sous une même zone,
et que les nuances sont très multipliées,
ces nuances corrigent en partie l'action
du climat sur l'organisme.

Végétaux et animaux de la zone torride.

Sous le ciel brûlant de l'équateur, les torrents de lumière versés avec tant de profusion par l'astre du jour, donnent à la végétation une majestueuse beauté, une grâce et un luxe de formes dont les autres climats ont été déshérités. La lumière et la chaleur pénètrent par tous les pores du végétal, en inondent la sève, se transforment dans ses vaisseaux en baumes suaves, en parfums délicieux, en gommes rares et précieuses.

Ces fortunées et fertiles terres intertropicales, sont la patrie des palmiers, sveltes colonnes qui supportent un élégant et mobile chapiteau, dont les courbes ont une indicible harmonie. Là, les modestes gramens des contrées tempérées se transforment en altiers géants; le bambou porte sa tête ornée d'épis plus haut que nos frênes et nos hêtres; de sa racine s'élancent mille jets qui s'écartent en une vaste et majestueuse gerbe. La vanille, la canelle, la muscade, le poivre, le camphre, toutes les précieuses épices, doivent la vie au soleil des tropiques; c'est lui qui est encore le père de la canne à sucre, de la fève embaumée de moka, du théobrôme cacaoyer, de l'immense baobab, du shéa, de l'élaïs, du pandanus aux fleurs odorantes, de l'arbre à pain, du bananier, nourriture saine et abondante d'une partie du genre humain, et de mille autres

espèces dont la nomenclature serait fasti-
dieuse.

Que de beautés, quelle profusion de
formes, d'espèces; quelles richesses de
fleurs et de fruits, quel chaos d'êtres végé-
tant dans les admirables forêts vierges
des contrées équatoriales !

Ici des groupes de troncs énormes, sortant d'une commune racine, s'élèvent à
des hauteurs prodigieuses; leurs branches chargées de feuilles, tantôt d'une
incroyable largeur, tantôt étroites mais
découpées en lobes élégants, projettent
une éternelle obscurité. Là des arbres
gigantesques recouvrent d'une voûte om-
breuse une forêt de végétaux arborescents
qui croissent sous cet abris tutélaire.
D'un côté on pénètre sous de vastes por-
tiques que soutiennent mille arceaux de
verdure; d'un autre, un lacis inextrica-
ble de troncs pleins de vigueur et de dé-
bris vermoulus, de lianes, de buissons,
de hautes herbes arrêtent les pas : le feu

seul pourrait y frayer un chemin... Ces
lianes sont elles-mêmes de charmants
végétaux : l'épidendrum, la vanille, le
cybidium, les passiflores aux fleurs si
compliquées, les bignonia aux longues
corolles tubiformes, le bonisteria à la
teinte d'or vif, le dendrobium, le bohinia,
des aristoloches dont les fleurs ont quatre
pieds de circonférence. De riches cactus,
des rafflesia énormes, des géranium variés, ornent la limite de ces forêts, ou
végètent sur les vieux troncs abattus par
les siècles.

Dans ces retraites inaccessibles règnent
de nombreuses tribus de singes, les uns
plus grands et plus puissants que l'homme
par leur force physique, les autres fai-
bles, sveltes et pleins de grâces dans
leurs mouvements. Aux régions équatoriales appartiennent les grands chats (le
lion, les panthères, les tigres), les rhi-
nocéros, l'éléphant, l'hippopotame, la
girafe, le zèbre, le quagga, le buffle, le

dromadaire, le lama, le tapir, les tatous, les pangolins, la plupart des marsupiaux. Les marais, les savanes humides abondent en serpents et en insectes; là rampent les énormes boas, les pythons, les crocodiles, les caïmans; sur les fleurs voltigent de magnifiques papillons; dans les airs se pressent de brillants oiseaux, des colibris, des passereaux, des loris, des aras aux vives couleurs. L'autruche et le casoar, le touyou d'Amérique parcourent les sables. Dans les eaux s'ébattent des troupes de dorades étincelantes d'or, des coryphènes, des chétodons, des poissons volants, des mollusques aux coquilles peintes de vives nuances, petits palais richement ornés de nacre et de précieuses perles fines.

Décrivons les plus remarquables de ces êtres.

Les palmiers forment une des familles principales de la classe des monocotylédones. Ils tiennent un rang distingué

dans la création végétale, par l'élégance
de leurs formes, la variété de structure
de leurs organes, et les services sans
nombre qu'ils rendent à l'homme. Les
uns sont de majestueux arbres dont la
hauteur surpasse cent pieds, d'autres
plus humbles, mais non moins gracieux,
ont leurs feuilles assises sur le plateau
qui surmonte la racine; d'autres encore
par leur tige souple et grêle, ressemblent
à de gigantesques graminées. Souvent ces
beaux arbres croissent au milieu des forêts
vierges, dans les endroits les plus fourrés.
Partout ils sont les plus magnifiques
ornements de la végétation intertropicale.

Les espèces nombreuses de la famille
des palmiers ont leurs habitations fixes;
jamais on ne les voit végéter spontanément dans d'autres contrées. Dans notre
hémisphère, ces plantes ne dépassent
jamais le trente-cinquième degré, tandis
qu'ils s'avancent jusqu'au quarantième
dans l'hémisphère austral. Pour un grand
nombre de peuples, le palmier est un

objet de première nécessité ; le dattier
nourrit de ses fruits les nations du bassin
méridional et occidental de la mer Médi-
terranée ; le cocotier, le chou palmiste
sont des aliments aussi abondants que
nécessaires pour les hommes de l'Inde,
de l'Amérique et de l'Océan pacifique. Le
sagou se tire de la moelle du *Sagus* et
du *Phénix* farineux. Le rotang produit
une sorte de gomme - résine connue
sous le nom de sang-dragon ; l'élaïs de
Guinée donne une huile délicieuse. Outre
ces produits précieux, les palmiers livrent
encore à l'industrie les fibres de leurs
feuilles et de leur écorce, d'où l'on tire
un fil assez résistant, et leur sève abondante, sucrée, qui forme un vin rafraîchissant, et un alcool liquoreux lorsqu'on
la distille.

Le borassus, naut ae cent pieds, se
termine par un bouquet de feuilles plis-
sées en éventail. Sa tige forme la charpente d'un grand nombre de maisons

indiennes et malayes ; ses feuilles en couvrent le toit, et en outre on s'en sert comme de papier pour écrire en y traçant les lettres avec un stylet. Le cocotier jouit d'une célébrité universelle, bien justement méritée.

Il y a plusieurs espèces de cocotiers, tous de formes élégantes. Les fruits de ces palmiers sont de volumineuses noix, remplies d'une amande blanche, savoureuse, pesant souvent plusieurs livres. Avant la maturité de l'amande, la coque contient une sorte de lait rafraîchissant. Le cocotier ordinaire, originaire des Indes, est actuellement naturalisé dans toutes les contrées équatoriales. Il joint l'élégance à la majesté ; son tronc cylindrique, d'environ un pied et demi de diamètre, s'élève droit comme une colonne, il est couronné par douze palmes ou feuilles, longues de quinze pieds, courbées en arc ; au centre est un énorme bourgeon, tendre et succulent, qui porte

le nom de chou palmiste, c'est le bouton
des feuilles qui succèderont à celles dont
la tige est décorée. Entre la base des
feuilles et le bourgeon, se développent
les fleurs et les fruits. Chaque noix est
entourée d'une bourre que l'on peut
transformer en cordes et en toiles gros-
sières. Si l'on coupe l'extrémité des spa-
thes ou boutons à fleurs du cocotier, avant
leur épanouissement, on recueille un
liquide très abondant, qui fermente en
quelques heures et se transforme en souva
ou vin de palmier. Ce vin, réduit sur le
feu avec un peu de craie, devient un sucre
fort bon, mais qui cristallise confusé-
ment.

Les amandes de cocos bien mûres, sou-
mises à une forte pression, donnent une
huile douce, très recherchée dans l'Inde.

L'élaïs croit en Afrique, dans la Guinée. C'est un beau palmier dont le tronc
est hérissé des bases épineuses des pétio-

les (1) desséchés. Une couronne de feuilles, longue de seize pieds et demi le
surmonte. Son fruit donne une huile
très adoucissante et savoureuse.

Il y a trois espèces de palmiers sagou-
tiers ; le raphia, le sagus pédunculé, et le
sagus de Rumphins. Ils sont originaires
de l'Afrique et de l'Asie, le raphia, trans-
planté dans l'Amérique tropicale, s'y est
parfaitement acclimaté.

Les sagaies ou javelots des nègres
sont des pétioles de feuilles de raphia,
armées d'une arête pénétrante, ou d'une
pointe de fer. Ces pétioles leur servent
encore à construire les palissades qui
entourent leurs cases, et les feuilles à couvrir ces rustiques demeures. Le bourgeon
de ce palmier est plus agréable à manger
que celui du cocotier. Quant à la subs-
tance connue dans le commerce sous le

(1) Pétiole, est le nom botanique du support ou queue
des feuilles.

nom de Sagou, elle s'extrait du corps de
l'arbre de la manière suivante : on fend
le tronc du palmier dans toute sa longueur; on écrase la partie intérieure qui
est pleine d'une moelle pulpeuse, et on
dépose la moelle, à mesure qu'elle se
détache, dans des cônes d'écorce dont
l'interstice des fibres est écarté de manière à former un tamis. On délaie ensuite
la moelle dans l'eau, la fécule s'échappe,
se dépose au fond du vase, et lorsqu'elle
est accumulée en quantité suffisante, on
fait égouter l'eau, puis on presse la fécule
dans un linge et on l'expose au soleil pour
la faire sécher. La fécule du sagou prend
par la dessication la forme de petits
grains. Cuite dans un liquide quelconque, cette fécule se dissout en une gelée,
qui est un aliment aussi sain que léger.
Le meilleur sagou provient des îles Mo-
luques.

Le baobab est une des merveilles de la
végétation équatoriale. Il appartient à la

famille des bombacées du botaniste
Kuntz. L'infatigable naturaliste Adanson
est le premier qui ait fait connaître le
baobab. Cet arbre vit en Afrique, il affec-
tionne les terrains sablonneux et arides;
rarement son tronc atteint plus de quinze
pieds de hauteur, mais il acquiert l'é-
norme volume de quatre-vingts à cent
pieds de circonférence; il se divise en
branches d'une prodigieuse grosseur,
longues de soixante à soixante-dix pieds,
dont l'ensemble figure un bouquet d'arbres de haute futaie placés sur un vaste
piédestal. Les plus extérieures de ces
branches s'inclinent souvent jusqu'à terre,
en sorte que la masse du baobab semble
être une grotte de verdure. Les racines
s'enfoncent perpendiculairement dans le
sol, et ne sont pas moins prodigieuses
dans leur développement que la partie
aérienne de cette monstrueuse plante. Les
feuilles sont divisées en folioles ovales;
les fleurs, supportées par des pédoncules
longs d'un pied, ont une dimension assez

considérable, elles produisent un fruit acide dont les nègres font une sorte de limonade agréable. Ces mêmes fruits, lorsqu'ils commencent à se gâter, servent de savon en Afrique. Adanson, d'après d es observations sur la croissance de cet arbre, avait affirmé que sa durée devait être de plusieurs milliers de siècles, sa conjecture a été vérifiée par les Anglais qui ont compté six mille cercles ligneux sur le tronc de plusieurs de ces géants végétaux. Comme il se forme une couche ligneuse chaque année, on voit que six mille ans ont été nécessaires aux baobabs pour atteindre leur complet développement.

Le bambou est un végétal aussi singulier qu'élégant, ses caractères organiques forcent de le classer parmi les herbes tendres que notre pied foule sur le vert tapis de nos prairies; cependant il égale nos arbres en hauteur. Les gros troncs fournissent une charpente très solide qui résiste parfaitement aux convulsions des tremblements de terre; sciés entre les nœuds, ils donnent des barils d'une seule pièce. Les jets nouveaux font des cannes, des hampes de javelots, d'autres plus anciens servent à faire des bois de lance, des palissades, des treillis, des meubles. Avec l'écorce, plusieurs peuples tressent des corbeilles charmantes. Le port du bambou est admirable; une multitude de jets dont plusieurs ont trois pieds de diamètre se groupent en sortant d'une racine commune, de manière à représenter à quelque distance un énorme tronc; à vingt pieds de hauteur, les jets extérieurs courbent gracieusement leurs feuilles; on dirait le bord élégant d'un beau vase du centre duquel jaillit une magnifique gerbe produite par les feuilles des jets du centre.

La silice qui est très abondante dans le bambou donne à son bois une grande solidité; cette matière se concrétionne quelquefois entre les nœuds ; c'est la pierre *tabaxir*, célèbre en Asie par les propriétés merveilleuses qu'on lui attribue.

Les bambous ne fleurissent que dans leur jeunesse ; on ne voit jamais les individus vigoureux se couvrir d'épis. Les feuilles sont du plus beau vert et très mobiles, ce qui les fait ressembler à un immense panache flottant, lorsque les vents les agitent. Il y a un assez grand nombre d'espèces de bambous. Le nastus, ou calumet des hauts, croît à Madagascar, sur les montagnes, à six cents toises au-dessus du niveau de l'Océan.

Les guadua habitent les régions chaudes et tempérées de l'Amérique méridionale, et principalement les Andes de la Nouvelle-Grenade et de Quito, à une hauteur qui ne dépasse pas quatre cents mètres au-dessus du niveau de l'Océan.

Le beesha végète dans l'Inde et sur la

côte de Coromandel ; il fournit aux In-
diens des instruments pour écrire, et des
pinceaux aux Chinois.

Le chusque grimpe comme une liane
autour du tronc des arbres.

Le sammat est le plus grand genre, il
a quelquefois jusqu'à cent pieds de hauteur, et dix-huit pouces de diamètre à
la base ; creux comme tous les graminées,
on en fait des vases et quelquefois des
barques d'une seule pièce.

Le bambou illy s'élève à soixante pieds,
il est plus volumineux de tige que le
sammat.

Le télin pousse dans les régions chaudes et humides de l'Asie ; on l'emploie
en meubles et constructions légères ; ses
jeunes pousses se mangent comme celles
de l'asperge.

L'ampel fournit des leviers, des échel-
les, des arrosoirs. Avec le Tcho, les Chinois font un papier sur lequel les pein-
tres aiment à exercer leur talent.

Le téba épineux donne de solides palissades que le fer ne peut entamer.

Les bananiers, nommés plantins par un grand nombre de voyageurs, appartiennent à la famille des muscacées. La chaleur constante qu'exige la végétation de ces belles et non moins utiles plantes, les confine dans la zone chaude ou dans ses limites les plus voisines ; ainsi on en voit à Séville, en Andalousie, à Malaga et dans l'île de Madère. Aucun végétal n'est aussi productif que le bananier. Humbolt évalue qu'un terrain de cent mètres carrés, dans lequel on aurait planté quarante touffes de bananiers, rapporterait dans un an quatre cent mille livres d'aliments en pesanteur ; un même terrain semé de froment ne donnerait guère que de trente à quarante mille livres pesant. Le produit des bananes est donc à celui du blé, comme cent trente-trois est à un, et par rapport à la pomme de terre, comme quarante-quatre à un. Les bananiers se

distinguent par l'élégance de leur port;
leurs racines se composent d'un grand
nombres de fibres cylindriques, longues,
surmontées d'une bulbe qui sert de tige,
d'où s'élèvent les pétioles des feuilles,
engaînés les uns dans les autres. Chaque
feuille a plusieurs pieds de surface, son
milieu est formé par une grande nervure
d'où sortent des nervures secondaires,
horizontales et parallèles entre elles. Du
centre des pétioles naît la hampe qui
supporte de très grandes fleurs. Une
grappe des fruits jaunâtres, longs chacun
de sept à huit pouces, succède à la fleur;
cette grappe porte le nom de régime, elle
est d'un volume énorme. On connaît
douze espèces de bananiers, dont les
principales sont connues sous le nom de
bananier du Paradis et de bananier des
Sages. Le premier végète en Afrique et
dans l'Inde, sa racine est vivace, mais
les feuilles périssent après la maturité
des fruits. Les lieux bas et humides sont
favorables à sa végétation, là il acquiert

jusqu'à douze pieds d'élévation. Le bananier des Sages est reconnu aux trois continents de l'Asie, de l'Afrique et de l'Amérique; il se distingue de l'espèce précédente par ses feuilles plus aiguës, ses fruits plus petits mais succulents et sucrés. La saveur de la banane peut être comparée à celle d'un mélange de beurre, de fécule et de sucre. Les bananes se mangent crues ou cuites. Aux Antilles, en Afrique et dans l'Inde, elles forment la base des aliments des nègres et du peuple; on en retire une liqueur agréable lorsqu'elle vient d'être préparée, mais qui s'aigrit et fermente promptement. En écrasant des bananes bien mûres et les faisant passer au travers d'un tamis pour en retirer la partie fibreuse, on obtient une pâte avec laquelle on prépare un pain fort nourrissant. Cette pâte, presque entièrement composée de fécule peut, lorsqu'elle est sèche, se conserver long-temps.

Les fibres des pétioles des feuilles sont

dures et résistantes ; on les emploie pour faire des cordages ou les fils avec lesquels on fabrique différentes sortes d'étoffes. La jeune pousse du bananier peut être mangée cuite ; enfin, les feuilles servent à couvrir les toits des cases, et s'utilisent encore comme ustensiles de ménage.

Le ravenale, ou arbre du voyageur, ressemble beaucoup au bananier ; les botanistes le rangent dans le genre Uranie. Cette magnifique plante, originaire de l'île de Madagascar, a un tronc droit, qui ressemble à celui des palmiers, formé par la base des pétioles des feuilles longues de dix-huit à vingt pieds, larges de quatre dans leur milieu, organisées comme celles du bananier. Le ravenale produit plusieurs régimes de fruits. Chaque fruit est une sorte de capsule ou boîte contenant des graines ovales, noires, enveloppées d'une pellicule azurée. Les Madécasses en tirent une farine qu'ils délayent dans du lait, et de la pellicule une huile fort douce. L'Uranie ravenale est d'un grand secours aux Madécasses lorsqu'ils parcourent l'intérieur de leur île. La chaleur du climat cause une soif ardente, et l'eau des marais, ainsi que celle des nombreux étangs, est malsaine; pour se désaltérer, les nègres coupent une feuille de ravenale, lui donnent la forme d'une coupe, puis, au moyen d'une entaille pratiquée dans le tronc, ils recueillent une eau limpide et douce, toujours fraîche, qu'ils savourent avec sensualité; cette eau est la sève abondante de l'arbre précieux. Un magnifique ravenale a longtemps fait à Paris l'ornement des belles serres de M. Boursault; je lui ai vu des feuilles de vingt pieds de longueur.

L'arbre à pain, si célèbre par les récits de Cook, de Bougainville et des autres circum-navigateurs, est nommé Jaquier par les botanistes, qui le classent dans la famille des orties, section des artocarpées.

Il y a plusieurs espèces de jaquiers
répandues dans les régions intertropicales : quelques-unes sont arborescentes,
d'autres s'élèvent jusqu'à quatre-vingts
pieds. Les fruits de ces végétaux ressemblent à ceux du mûrier, mais avec un
volume considérable ; plusieurs d'entre
eux se soudent ordinairement ensemble.
L'espèce la plus utile est le jaquier à
feuilles découpées, rima, ou arbre à pain
de Taïti. C'est un arbre, dont le tronc,
de la grosseur d'un homme, acquiert
une hauteur de quarante à cinquante
pieds. Son bois est mou, tendre et léger.
Toutes ses parties, lorsqu'on les entame,
laissent échapper un suc blanc, laiteux,
visqueux, semblable à celui des figuiers.
Les fruits de cette espèce sont du volume
de la tête d'un homme, leur surface est
raboteuse et couverte de saillies verdâ-
tres. Leur pulpe est blanche, farineuse,
jaunâtre lors de la maturité. Le jaquier
à feuilles découpées est originaire de la
côte de Malabar et des archipels de l'O-

céanie. Il croît aujourd'hui à Cayenne et aux Antilles où on l'a naturalisé. Cuits au four, les fruits du jaquier ont une saveur qui rappelle à la fois le pain de froment et la pomme de terre. Les insulaires de la mer du Sud s'en nourrissent pendant huit mois de l'année. Trois arbres suffisent pour la consommation d'un homme. L'écorce intérieure de l'arbre fournit des fibres susceptibles d'être converties en étoffes.

Le jaquier hétérophyle a des fruits si volumineux qu'un homme peut à peine les soulever ils contiennent des amandes qui ont la forme et le goût de la châtaigne.

Le jaquier des Indes est cultivé aux îles Maurice et Bourbon, son fruit est peu agréable.

Le jaquier velu est le plus grand du genre ; son bois sert à la menuiserie et aux constructions de pirogues. D'un seul tronc, les Océaniens tirent quelquefois des embarcations de quatre-vingts pieds de longueur et d'une seule pièce.

Le café est le fruit d'un arbrisseau de l'Arabie heureuse; il croît surtout dans la province de l'Yemama, près de la ville de Moka. Le caféyer appartient à la famille naturelle des rubiacées ou garances; son tronc s'élève à une hauteur de quinze pieds, et se divise en branches opposées, noueuses, un peu grisâtres; ses feuilles conservent toujours une verdure agréable. Les fleurs du caféyer sont blanches et répandent une odeur semblable à celle du jasmin d'Espagne; elles produisent une sorte de cerise d'un rouge noir à l'époque de la maturité, dont la pulpe entoure deux noyaux qui contiennent deux graines cartilagineuses, plates et marquées d'un sillon par le côté de leur contact, convexe de l'autre, et enveloppées d'une arille ou membrane très mince. Le caféyer a été introduit dans nos colonies américaines, où sa culture prospère. Les

terrains les plus convenables au caféyer
sont ceux des mornes peu arrosés par
les pluies, et placés sur les pentes infé-
rieures. Pour qu'une plantation réussisse
bien, on doit lui choisir une position où
la température ne varie que depuis le
degré dix au-dessus de zéro, jusqu'au
degré vingt-cinq du thermomètre de
Réaumur. Quatre ans après avoir été
plantés, les caféyers commencent à donner
leur première récolte ; ils fleurissent deux
fois au printemps et à l'automne, les fruits
mûrissent en quatre mois.

On sépare les graines du café de leur
pulpe par trois procédés différents. Tantôt
on les expose au soleil en ayant soin de
les retourner fréquemment. Tantôt on les
laisse macérer pendant un jour ou deux
dans l'eau avant de les chauffer au soleil;
le café ainsi préparé prend le nom de café
trempé. Le dernier procédé, qui est le
meilleur, consiste à faire passer les ceri-
ses par la grage, sorte de moulin qui

enlève la pulpe et laisse les graines enveloppées dans leur arille. Ce café est préférable à celui qui a été préparé diffé-
remment.

Les poivriers sont des plantes tantôt
herbacées, tantôt ligneuses et grimpantes,
tantôt même arborescentes, qui forment
la famille naturelle des pipéracées. Leur
fruit, épice brûlante et recherchée, est un
péricarpe mince, contenant une seule
graine ronde. On connaît plusieurs espèces de ces végétaux. Le poivrier noir,
natif de l'Inde, est cultivé à Java, à Bornéo, à Sumatra et à Malacca. Les graines, revêtues de leur enveloppe, sont
jaunes et connues dans le commerce sous
le nom de poivre blanc; dépouillées,
elles sont appelées poivre noir. Le poivrier cubèbe est originaire des mêmes
contrées; il est sarmenteux et employé
comme médicament. Le poivrier bétel est
d'un usage général dans l'Inde, l'Indo-
Chine et la Malaisie, où on mâche ses

feuilles mêlées à de la poudre de noix de
palmier areka et à un peu de chaux vive
Les fruits du poivrier long servent d'as-
saisonnement.

Je ne vous parlerai pas du camphrier
et du cannelier, magnifiques plantes du
genre laurier, originaires, le premier, de
l'Indo-Chine et du Japon ; le second, de
Ceylan ; je finis par l'historique des oupas,
poisons horribles, et du rafflesia, géant
des fleurs.

Il y a peu de végétaux sur lesquels on
a écrit autant de fables extraordinaires et
terribles, que le bohon-oupas, nom malais qui veut dire arbre à poison. Ces
fables ont pour sources la relation fantas-
tique de Foërsch, chirurgien hollandais,
qui écrivit sur l'oupas en 1783, et les
récits des soldats de la même nation, qui
ont une frayeur désordonnée du kriss
empoisonné des Malais. Il n'y a pas à
Java une seule espèce de bohon-oupas,
mais plusieurs. L'antiar, l'une d'elles,

appartient au genre antiaris. C'est un
arbre dont la tige s'élève jusqu'à quatre-
vingts pieds de hauteur, elle est parfaitement droite. Si l'on fait une incision à
l'écorce, il en sort un liquide âcre, jaunâtre, qui produit sur la peau une érup-
tion suivie d'inflammation. Le bohon-
tieuté est une espèce de strychaos, mais
différente par son port de l'antiar, arbrisseau sarmenteux et rampant, il végète à
l'ombre.

L'île Compagny, vers la côte septentrionale de la Nouvelle-Hollande, produit
un antiar surnommé Macrophylla (à
grandes feuilles), dont le suc est également vénéneux. La liqueur extraite des
oupas, mélangée à d'autres substances,
sert à tremper l'extrémité des kriss ou
poignards malais, et la pointe de petites
flèches qui se lancent avec une sarba-
cane. On a vu un chien expirer dans
d'horribles convulsions une heure après
avoir été frappé par une de ces armes

fatales ; une souris blessée meurt en dix minutes, un singe en sept, un buffle énorme en une heure et demie.

Le rafflesia est bien le végétal le plus singulier que produise la nature : c'est une fleur de huit pieds neuf pouces de circonférence, pesant quinze livres, dont la cavité peut contenir douze pintes de liquide. Ce géant des fleurs n'a pas de tige non plus que de feuilles, mais une simple racine parasite qui se développe sur le tronc du cissus à feuilles étroites. Il s'exhale de ce végétal bizarre une odeur cadavéreuse, repoussante, qui attire des essaims de mouches. A Sumatra, on nomme le rafflesia, Krouboul, c'est-à-dire grande fleur. Le docteur Blum a trouvé une seconde espèce du même genre, qu'il nomme le rafflesia patma, dont le diamètre n'est que de deux pieds.

De tous les animaux de la zone équatoriale, les plus singuliers sont les singes, et parmi ceux-ci l'orang ou pongo,

qui peut-être en sera bientôt détaché
pour former un ordre à part. Cet animal,
dont notre illustre naturaliste *Geoffroi-
Saint-Hilaire*, disait, il y a peu de temps :
Est-ce un singe? est-ce un homme? est
nommé par les Malais orang-outang, ou
homme des bois. Ainsi ces peuples tran-
chent la question, et n'hésitent pas à
l'admettre au nombre des familles humai-
nes. Sans être aussi hardi qu'eux, je
pense que l'orang est l'anneau qui unit
l'homme à la brute. Être placé sur la
limite de l'animalité simple, et de l'organisme animal associé à une intelligence,
l'orang a été doué d'un souffle animateur
qui est plus noble que celui qui produit
l'instinct, mais moins, beaucoup moins
parfait que la raison sublime départie
au genre humain. Le nombre des espèces d'orang n'est pas encore bien limité ;
plusieurs naturalistes ont décrit des
êtres, les uns sous le nom d'orang, les
autres sous celui de pongo, qui peut-être
formeront plus d'un genre. Parmi ces

animaux, l'orang-roux est celui qu'on a eu l'occasion d'observer le plus fréquemment ; un jeune individu existe actuellement à la ménagerie du muséum d'Histoire naturelle de Paris, où il excite vivement la curiosité. M. de Rienzi, que je vous ai déjà cité, a possédé un orangroux, et ce qu'il en raconte est si intéressant que je vais vous le répéter : « L'angle facial de l'orang, dit-il, est de soixante à soixante-cinq degrés, c'est-à-dire un peu inférieur à celui des Eudamènes, des Australiens, et des Hottentots-Boschimens. J'ai possédé un véritable orang-roux, environ trois mois ; il avait été rencontré au sud de la baie de Maladou (île de Bornéo), et pris dans une trappe d'où on l'avait tiré et amené à bord. Je l'avais acheté dix mattas ou environ quarante francs. Il avait le nez large et plat, les yeux petits, enfoncés, la mâchoire inférieure très avancée, les oreilles élevées, le front déprimé et les os des joues semblables à ceux des Mongols ; les dents grandes et fortes, offrant quelque ressemblance avec celles du lion, la bouche très large et couleur de chair, le visage grisâtre, la poitrine carrée, la face longue et blême, un très gros ventre, de longs bras qui dépassaient ses mollets. Il était à peine adulte, et cependant sa taille était de quatre pieds de hauteur, il se tenait habituellement accroupi, la tête penchée sur la poitrine. Son corps était couvert d'un pelage roux fauve, assez long, excepté à l'intérieur des mains, au ventre, au visage, aux oreilles et au sommet de la tête qui était un peu chauve.

» Il avait été vu dans les bois avec d'autres orangs, marchant fièrement armé d'une espèce de bâton, contre les Dayas (1). A bord, il marchait en s'appuyant à droite et à gauche à une cloison, à un meuble, aux bastingages, aux mâts, ou au cabestan du navire, et il grimpait

(1) Peuple de Bornéo.

lestement sur les vergues et dans les
haubans.

» L'orang-roux diffère beaucoup des
singes ; Bagous, c'est le nom que j'avais
donné au mien (1), n'avait ni l'irréflexion
du macaque, ni la férocité du babouin, ni
la malice, le caractère hargneux et les
grimaces de la guenon, ni la pétulance
du magot, ni la malpropreté du sagouin ;
il n'avait guère des nombreuses espèces
de singes que la faculté imitative.

» Un Biadjou m'a dit que les orangs
savent allumer du feu : mais ce qui est
certain, c'est qu'ils savent se construire
des cabanes qui leur servent d'habitations ; qu'ils savent ramasser des crabes,
des mollusques au bord de la mer, casser
des moules sur un rocher, jeter des cailloux dans les tridacnes (2) entr'ouverts
pour les empêcher de se refermer, et

(1) Bagous veut dire gentil en Malayou.
(2) Grands coquillages.

arracher ensuite l'animal sans danger, et que l'amour de ces êtres pour leurs petits est vraiment admirable.

» Bagous était docile, imitateur intelligent, affectueux envers mon domestique qui le soignait. Son humeur était douce, sa physionomie portait l'empreinte de la mélancolie. L'orang est tellement brave et fort dans ses forêts, qu'il défie plusieurs hommes et les terrasse; mais il s'assouplit facilement à notre éducation. J'avais dressé le mien, sans peine, à plusieurs usages domestiques, et ses habitudes étaient naturellement propres.

» Bagous mangeait volontiers du lait, des légumes, du riz, des fruits, du miel, du poisson et de la viande. Il buvait beaucoup de thé, et il était excessivement friand de confitures chinoises et de sucreries. J'en mettais quelquefois dans mes poches, et il ne tardait pas à me les voler. Il savait déboucher une bouteille, porter mon karpous ou bonnet malais et mon

turban, fermait et ouvrait ma porte, faisait
son lit, et comme il était frileux il s'affu-
blait de couvertures et de nattes, au point
d'en suer. Un jour qu'il avait mal à la
tête, il la serra spontanément avec mon
schall et se coucha.

» Mon orang me servait à table ; il
paraissait fier et satisfait quand je le fai-
sais diner avec moi ou fumer dans mon
bouka, et il buvait volontiers un verre
de vin de Porto à ma santé. Alors il res-
semblait assez par les manières et par la
taille, à un petit Eudamène de la Nou-
velle-Guinée, de l'âge de quinze à seize
ans, qui aurait été muet.

» L'intéressant Bagous n'avait qu'un
défaut : celui d'être un peu voleur ; mais
il savait le faire oublier par d'excellentes
qualités. D'ailleurs, devais-je exiger d'un
orang-outang qu'il connût le droit de pro-
priété, si peu respecté par un grand
nombre d'hommes civilisés ? Un autre
désagrément que j'avais encore à sup-

porter de lui, quoiqu'il fût indépendant
de son caractère, c'est que toutes les fois
qu'il voulait m'exprimer sa joie, il faisait entendre un grognement rauque et
précipité comme le claquement d'un
fouet, en allongeant et haussant à la fois
la mâchoire inférieure et la remuant avec
vivacité. Ce grognement insipide et dé-
sagréable me désenchantait, malgré moi,
de l'intérêt que je lui portais, à cause
de sa gentillesse et de son bon naturel.
J'eus le malheur de le perdre à bord.
Tout l'équipage le regretta, et moi, je le
regretterai toujours. »

En voyant la physionomie expressive
et mobile des orangs-outangs, l'intelligence et l'adresse avec laquelle ils exé-
cutent tout ce qu'on ur apprend à faire,
on ne peut s'empêcher de les ranger hors
de la classe des simples animaux instinc-
tifs; il n'est donc pas étonnant que plusieurs peuples pensent que ces êtres sont
de véritables hommes. M. Klaproth, dans

les recherches curieuses sur l'Asie, rapporte qu'un grand-prêtre de Bouddha envoya des missionnaires pour convertir une peuplade d'orangs à sa croyance.

Le mutisme de ces animaux provient de la structure de l'organe de la voix; s'il eût été conformé comme celui de l'homme, il n'y a pas à douter que les orangs n'eussent pu rendre leurs idées par des sons articulés.

Je ne m'arrêterai pas sur les autres animaux mammifères de la zone torride; éléphant, chameau, grands carnassiers, nous sont trop familiers pour qu'il soit nécessaire d'en parler. Parmi les oiseaux, tous arrêteraient notre attention, soit par leurs chants, soit par l'éclat brillant de leur plumage ou quelque forme singulière. Dans la classe des reptiles, nous serions frappés principalement par la masse énorme des boas et des pythons.

Les boas atteignent jusqu'à trente et quarante pieds de longueur; ils sont

remarquables par la faculté qu'ils possè-
dent de dilater outre-mesure leurs mâchoires et leur gosier. Dépourvus de
venin, ces immenses reptiles n'en sont
pas moins redoutables par leur force et
leur agilité. Ont-ils confiance dans la
puissance de leurs muscles, ils s'élancent
sur la victime qu'ils convoitent et l'attaquent ouvertement. Redoutent-ils les
chances du combat, ils se mettent à l'affût,
tantôt tapis sous de longues herbes, tantôt
suspendus à la cime d'un arbre touffu ou
caché entre les joncs et les roseaux du
bord d'une source ; lorsque l'instant pro-
pice est venu, ils se précipitent rapides
comme la foudre, enlacent leur proie dans
mille tortueux replis, l'étreignent, l'écra-
sent, broyent ses os, et après avoir épié
la dernière convulsion de l'agonie, ils
enduisent la masse informe de chair d'une
salive visqueuse et fétide, distendent pro-
gressivement leurs mâchoires, puis l'en-
gloutissent lentement. Une partie du
cadavre de la victime est digérée par le

travail de l'estomac, que le reste décomposé, exhalant une odeur infecte, n'est pas encore entré dans la gueule du monstre. Des cerfs, des gazelles, des buffles, sont ainsi dévorés. Surpris pendant cette pénible et laborieuse digestion, les boas restent immobiles, sans défense, il est facile de leur donner la mort. Les naturalistes admettent plusieurs espèces de boas. Le constricteur ou devin habite les régions chaudes de l'Amérique, les Guyanes, le Brésil, le Mexique. Le boa géant vit à Cayenne; l'aboma habite Surinam; le scytale toutes les contrées chaudes du Nouveau-Monde. La broderie se trouve aux mêmes lieux, et le boa mangeur de chiens, au Brésil.

Les pythons sont d'immenses couleuvres de la zone torride de l'ancien continent; comme les boas d'Amérique, ils parviennent à une longueur de trente à quarante pieds. Le python améthyste ou grande couleuvre des îles de la Sonde,

se trouve à Java, à Sumatra et à Bornéo. Enroulé au sommet d'un arbre ou
autour d'un tronc, caché par des brous-
sailles, le python épie le passage de sa
proie ; en découvre-t-il une à sa portée,
il s'élance avec tant de promptitude que
la fuite est impossible ; semblable à
l'hydre de Laocoon, il étouffe sa victime
dans les nombreux orbes que décrit son
corps gigantesque, puis il l'engloutit
comme le font les boas. Nul animal, pas
même le tigre ne peut se soustraire aux
étreintes de cette couleuvre monstrueuse,
qui rend l'abord des forêts si dangereux.
Les pythons de l'Afrique ne sont connus
que par des relations vagues, mais ce
qu'on en sait prouve qu'ils ne sont ni
moins volumineux, ni moins terribles
que les pythons de l'Asie.

Terminons cette esquisse du règne
organique de la zone torride, par une
classification des animaux et des végé-
aux de l'Afrique selon l'ordre des contrées qu'ils habitent.

La Sénégambie et le Sénégal, situé à peu de distance de la limite du Sahara et près du tropique du Cancer, contrées dont la température s'élève jusqu'à trente-six et quarante-quatre degrés, ont une admirable et forte végétation. Là, se développent l'immense baobab, les cocotiers, les mangliers, le palmier élaïs, les bananiers, plusieurs espèces de robinia, un arbre encore innommé par les botanistes, qui ressemble au tulipier d'Amérique; l'avicennia dont le port rappelle celui du cèdre, le poivre malaguette, le piment, le gingembre, le cotonier, l'indigo, l'ébénier, l'acajou, une quantité d'arbres dont les bois fournissent d'excellente teinture, ceux qui produisent la gomme arabique, la gomme gayac, le copal, le suc d'euphorbe, le sang-dragon. Les plantes alimentaires de ces deux pays sont : le sorghum, le durra, le holcus bicolor, le riz, qui font partie de la famille des graminées. L'igname, le manioc, le dolique ligneux, le délicieux ananas, une variété prodigieuse de melons et de courges. Le tabac s'y trouve aussi en abondance. Parmi les fleurs on remarque les aloës, la balsamine, la glorieuse superbe, les tubéreuses, les lys, les amaranthes.

Les animaux qui peuplent cette contrée, sont : l'éléphant, les gazelles, l'hippopotame, le lion, la panthère, le léopard, l'hyène, le chacal, le zèbre, la girafe ; parmi les singes, le jocko ou orang noir, le mandril, le dril, le magot, le chacma, le macaque, les guenons hamadryade, diane, moustac, blanc nez, callitriche, les makis galago ; le potos, la civette zibeth, le sanglier d'Ethiopie, le bœuf, le buffle, le mouton, la chèvre.

Les basses-cours des nègres renferment, outre nos volailles d'Europe, l'oiseau trompette, l'oie armée, l'oie d'Egypte, la pintade.

Dans les forêts, on remarque le magni-

fique héron-aigrette, des légions de per-
roquets, le vautour, quelques aigles, des
essaims d'oiseaux du plus joli plumage.

Le python d'Afrique, le crocodile, les
caméléons, une multitude de lézards se
distinguent parmi les reptiles. Les insectes sont aussi nombreux que variés. Les
termites et les abeilles surtout abondent.

Dans la Nigritie ou Afrique centrale,
on retrouve les animaux et les végétaux
de la Sénégambie, et en outre, parmi
les plantes, le tamarin, le sycomore,
le nebeck, le dattier, le blé, le millet.
Les forêts humides abritent des rhino-
céros.

Dans l'empire de Bournou, il existe une
quantité de végétaux qui n'ont pas encore
été décrits. Les Arabes affirment que les
forêts sont peuplées de singes plus grands
que l'homme ; que les lions et les hippo-
potames y pullulent. Le lion y aurait
pour ennemi un chat plus grand et plus

fort que lui, nommé kmilodan; cet animal nous est inconnu. Il y aurait encore
dans le Bournou un oiseau matzakweh,
dont le plumage admirable éclipse les
nuances les plus brillantes des autres
oiseaux, et l'adgunon, qui se rapproche
de l'autruche par la taille

FIN.

Limoges. — Typ. F. F. Ardant frères.

www.ingramcontent.com/pod-product-compliance
Lightning Source LLC
Chambersburg PA
CBHW060545210326
41519CB00014B/3357